길에서 만나는

# 나무 123

# 머리말

우리 주변에 조금만 관심을 가져보면 얼마나 다양한 식물들이 우리와 함께 살고 있는지를 쉽게 알 수 있다. 특히 그 중에서도 나무 즉, 목본식물은 우리의 환경을 구성하는 중요한 요소로 자리 잡고 있다. 사계절 내내 늘 변화하면서 새로운 모습을 우리에게 보여준다. 꽃과 단풍의 아름다움뿐만 아니라, 봄에 나오는 나무의 새싹, 신록의 아름다움은 누구라도 경험해보고 알고 있을 것이다. 또 한여름에 내리쬐는 뙤약볕을 피할 수 있게 해주는 공원과 길가의 나무들, 흰눈을 덮어쓰고 있는 겨울 상록수의 모습은 의연한 기품을 느끼게 한다.

이런 나무들의 종류는 풀 종류에 비해 상대적으로 숫자가 많지 않아 쉽게 알아볼 수 있다. 특히 어떤 지방에 살고 있는 나무는 기후의 영향으로 그 종류가 더욱 많지 않다. 그래서 필자는 독자들에게 주변의 나무들에 대해서 관심을 가져보기를 권한다. 잠시만 눈을 돌려 나무들에게 관심을 주면 나무들은 우리에게 금세 친근하게 다가올 것이다.

이 책에서는 독자들이 나무들에 대해 쉽게 다가갈 수 있도록 주변에서 흔히 볼 수 있는 나무들을 위주로 123종류를 소개하였다. 여기에는 숲, 공원, 길가, 가정 정원 등에서 스스로 자라거나 심어 가꾸는 국내외의 수목들이 포함되어 있다. 누구나 알기 쉽게 나무의 특징적인 모습을 사진으로 실었고 나무의 이름이 붙여진 유래와 나무의 특징을 전문용어가 아닌 쉬운 말로 풀어서 설명하였다.

이 작은 책자를 통해서 우리나라에 자라고 있는 모든 나무들의 모습을 보여주기에는 턱없이 부족한 것이 사실이고 아쉬운 점이다. 그러나 주머니에 넣고 다닐 수 있도록 제작한 이 책이 여러분들을 나무 곁으로 한 걸음 가까이 가도록 이끄는 계기가 되기를 희망한다.

2

# 일러두기/아이콘보기

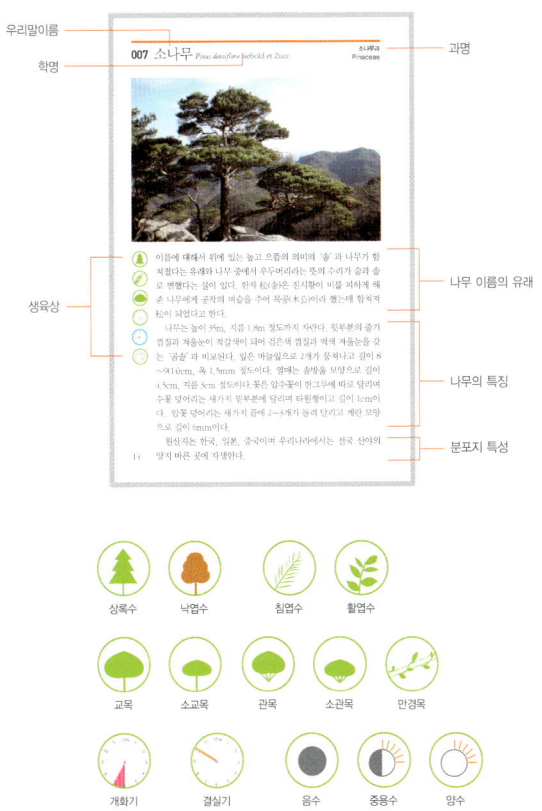

우리말이름

학명

과명

생육상

나무 이름의 유래

나무의 특징

분포지 특성

| 상록수 | 낙엽수 | 침엽수 | 활엽수 |

| 교목 | 소교목 | 관목 | 소관목 | 만경목 |

| 개화기 | 결실기 | 음수 | 중용수 | 양수 |

*아이콘 설명은 131페이지 참조.

# 차례

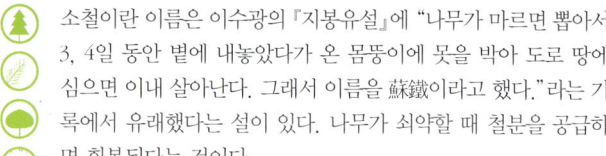

소철이란 이름은 이수광의 『지봉유설』에 "나무가 마르면 뽑아서 3, 4일 동안 볕에 내놓았다가 온 몸뚱이에 못을 박아 도로 땅에 심으면 이내 살아난다. 그래서 이름을 蘇鐵이라고 했다."라는 기록에서 유래했다는 설이 있다. 나무가 쇠약할 때 철분을 공급하면 회복된다는 것이다.

줄기에는 가지가 없이 하나로 자라거나 밑부분에서 작은 것이 돋으며 높이 1~4m 정도로 자란다. 잎은 새 깃털 모양이고 작은 잎 조각은 뾰족하고 가장자리가 다소 뒤로 말리며 길이 8~20cm, 폭 5~8mm이다. 꽃은 암수가 다른 그루에 피는데 수꽃은 원줄기 끝에 길이 50~60cm 정도로 길게 달리고 암꽃은 원줄기 끝에 둥글게 모여 달린다. 열매의 종자는 길이 4cm 정도로 편평하고 겉껍질이 붉은색이다.

원산지는 한국, 중국 동남부, 일본 남부이며 우리나라에서는 제주도의 뜰에서도 자라지만 기타 지역에서는 온실이나 집안에서 기른다.

**002** 은행나무 *Ginkgo biloba* L.

은행나무란 이름은 銀(은빛)과 杏(살구)의 합성어로 열매의 겉모양이 살구와 비슷하고 종자의 겉색깔이 은색인 나무라는 뜻에서 유래하였다. 잎의 모양이 오리발을 닮아서 '압각수(鴨脚樹)'라고도 하고, 할아버지가 심어서 손자대에 가서야 열매를 얻는다고 하여 '공손수(公孫樹)', 은행씨가 하얗게 되기에 '백과목(白果木)'이라고도 한다.

나무 높이가 60m 이상, 지름이 4m까지도 자라며 가지가 잘 발달한다. 잎은 어긋나게 달리지만 짧은 가지에서는 모여난 것처럼 보이고 부채 모양이다. 꽃은 모두 짧은 가지에서 어린잎과 함께 피며 수꽃은 1~5개의 화축이 꼬리 모양으로 발달하고, 암꽃은 6~7개가 모여 나고 그 끝에 2개의 배주가 달린다. 열매는 쌍으로 달리는 배주가 성숙하여 발달하는데 바깥 육질 부분이 고약한 냄새를 낸다. 종자를 먹을 수 있다.

원산지는 중국 동부이며 우리나라에서는 전국에 심어 기른다.

7

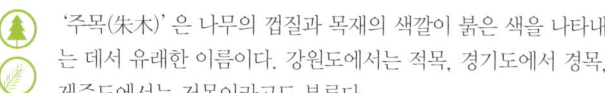

　'주목(朱木)'은 나무의 껍질과 목재의 색깔이 붉은 색을 나타내는 데서 유래한 이름이다. 강원도에서는 적목, 경기도에서 경목, 제주도에서는 저목이라고도 부른다.

　높이가 17m, 지름이 1m까지도 자라며 가지가 퍼지고 큰 가지와 줄기가 적갈색이다. 잎은 나선상으로 달리지만 옆으로 뻗은 가지에서는 새 깃털처럼 달리며 뾰족하고 길이 1.5~2.5cm, 폭 0.3cm 정도이다. 잎의 표면은 짙은 녹색이고 뒷면에 2줄의 연한 황색줄이 있으며 가운데 맥이 양쪽으로 도드라지고 잎이 2~3년 만에 떨어진다. 꽃은 암수가 다른 그루에 나뉘어 달린다. 열매는 컵 모양의 붉은색 육질 안에 작은 계란 모양의 종자가 들어 있다.

　원산지는 한국, 일본, 만주 등이며 우리나라에서는 전지역에서 자라나 따뜻한 지방에서는 좋은 정원수가 되기 어렵다.

열매에 바늘 모양의 돌기가 갈고리 모양[鉤狀]으로 생긴데서 이름이 유래하였다.

　나무는 높이가 18m 정도까지 자란다. 잎은 가지나 줄기에 사방으로 돌려나며 잎끝이 오목해져 2갈래로 약간 갈라지고 좁고 긴 모양으로 길이 9~14mm, 폭 2.1~2.4mm이며 뒷면이 은백색이다. 암꽃덩어리는 솔방울 모양으로 빨강, 노랑, 분홍, 자주 등 다양한 색을 나타내고 수꽃덩어리는 길이 1.8cm 가량으로 줄기 끝에 달린다. 열매는 솔방울 모양이며 길이 4~6cm, 지름 2~3cm이며 열매 조각(포편)의 돌기가 뾰족하고 뒤로 젖혀지며 종자는 계란 모양으로 날개가 있다.

　우리나라의 특산종으로 한라산 해발 1500m에서 정상까지 분포하는 구상나무림이 유명하며, 높은 산에서 자라는 고산수종으로 해발고가 낮은 지역에서는 생장이 나쁘다.

**005** | 일본잎갈나무 *Larix kaempferi* (Lamb.) Carriér

소나무과
**Pinaceae**

가을이 되면 낙엽이 지고 봄에 새로 잎이 나와 '잎을 간다' 는 의미로 이름이 붙여졌으며 소나무 잎과 같이 생긴 잎이 하나씩 떨어지는 데서 '낙엽송' 이라고도 불린다.

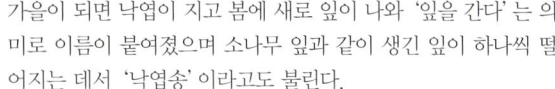
나무는 높이 30m, 지름 1m 정도까지 자라고 가지가 옆으로 퍼진다. 잎은 밝은 녹색이고 길이 15~35mm, 폭 1~1.2mm로서 길게 뾰족하며 20~50개가 짧은 가지에 모여 난다. 꽃은 암수꽃이 한그루에 따로 피며 수꽃 덩어리는 공 모양, 계란 모양 또는 긴 타원형이며 암꽃 덩어리는 타원형이다. 열매는 솔방울 모양으로 길이 15~35mm이다. 종자는 삼각형이고 날개가 있다.

원산지는 일본 중부지방이며 우리나라에서는 중·남부지방에서 많이 심어 기른다. 금강산 이북의 추운지대에 자생하고 있는 잎갈나무와 구별된다.

**006** 개잎갈나무 *Cedrus deodara* (Roxb.) Loudon

'잎갈나무'와 비슷하다는 의미에서 '개잎갈나무' 또는 히말라야 지방에서 자생하기 때문에 '히말라야시다'라고 이름이 붙여졌다.

　나무는 높이가 30m에 달하고 가지가 수평으로 퍼진다. 잎은 길이 3~4cm로서 끝이 뾰족하고 단면은 삼각형이며 1개씩 달리지만 짧은 가지에서는 30개 정도가 모여 달리는 모양이다. 꽃은 암수꽃이 한그루에 따로 달리며 짧은 가지 끝에 위를 향해 달린다. 수꽃 덩어리는 둥근기둥 모양이고 길이 3~5cm이며 암꽃 덩어리는 계란 모양으로 길이 3~4cm이다. 열매는 솔방울 모양으로 길이 7~10cm, 지름 6cm 정도이다. 종자는 삼각형으로 넓은 막질의 날개가 있다.

　원산지는 히말라야 북서부와 아프가니스탄이며 우리나라에서는 천안 이남의 따뜻한 지방에서 적당하나 서울 시내에서도 환경에 따라 월동한다.

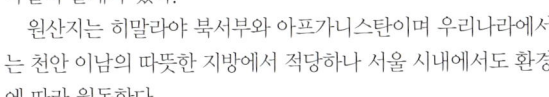

이름에 대해서 높고 으뜸이란 의미의 '솔'과 나무가 합쳐졌다는 유래와 나무 중에서 우두머리라는 뜻의 '수리'가 '술'과 '솔'로 변했다는 설이 있다. 한자 松(송)은 진시황이 비를 피하게 해 준 나무에게 공작의 벼슬을 주어 목공(木公)이라 했는데 합쳐져 松이 되었다고 한다.

나무는 높이 35m, 지름 1.8m 정도까지 자란다. 윗부분의 줄기 껍질과 겨울눈이 적갈색이 되어 검은색 껍질과 백색 겨울눈을 갖는 '곰솔'과 비교된다. 잎은 바늘잎으로 2개가 뭉쳐나고 길이 8~14cm, 폭 1.5mm 정도이다. 꽃은 암수꽃이 한그루에 따로 달리며 수꽃 덩어리는 새 가지 밑부분에 달리며 타원형이고 길이 1cm이다. 암꽃 덩어리는 새 가지 끝에 2~3개가 돌려 달리고 계란 모양으로 길이 6mm이다. 열매는 솔방울 모양으로 길이 4.5cm, 지름 3cm 정도이다.

원산지는 한국, 일본, 중국이며 우리나라에서는 전국 산야의 양지바른 곳에 자생한다.

이름은 줄기가 검은색을 나타내기 때문에 '흑송→검솔→곰솔'
로 변하여 불리게 되었다.

　나무는 높이 20m, 지름 1m에 달하며 가지는 한 해에 한 마디
씩만 자라기 때문에 가지의 층수를 계산하면 나무의 나이를 알
수 있다. 나무껍질은 흑갈색이고 겨울눈은 백색으로 껍질과 겨울
눈이 적갈색이 되는 '소나무'와 구별된다. 잎은 바늘잎으로 2개
가 뭉쳐나고 길이 9~14cm, 폭 1.5mm로서 다소 비틀리고 끝이
뾰족하다. 꽃은 암수꽃이 한그루에 따로 달리며 수꽃 덩어리는
원통 모양으로 그 해에 자란 축(軸)의 중간보다 높은 곳에 모여
나며 길이 1.5cm이다. 암꽃 덩어리는 계란 모양이고 길이 6mm
이며 연한 붉은색에서 자주빛이 섞인 붉은색으로 변한다.

　원산지는 한국, 중국, 일본이며, 우리나라에서는 해안을 따라
육지로 4km 정도까지 자라며, 서쪽은 경기도 남양, 동쪽은 강원
도 울진까지 분포한다.

메타세콰이아 *Metasequoia glyptostroboides* Hu et Cheng **Taxodiaceae**

**낙우송과**

'메타세콰이아' 란 이름은 학명을 그대로 우리말로 읽은 것으로 북미에 분포하는 '세콰이아' 나무와 비슷해서 붙여진 이름이다. 이 나무는 화석으로만 알려져 있었는데 1945년 중국 사천성 양자강 유역의 마도계(磨刀溪)라는 계곡에서 살아있는 나무가 발견되어 전 세계로 퍼져 나가게 됐다.

원산지에서는 높이 35m, 지름 2m 정도까지 자란다. 잎은 길이 10~23mm, 너비 1.5~2mm로서 좁고 긴 모양이며 가지에 마주 달려 깃털 모양으로 배열된다. 가을에 벽돌색으로 빨갛게 단풍이 든다. 꽃은 암수꽃이 한그루에 따로 달리며 수꽃 덩어리는 뭉쳐서 잎과 줄기 사이에 달리며 암꽃 덩어리는 작은 조각들로 뭉쳐서 아래로 처져 달린다. 열매는 솔방울 모양으로 길이 18~25mm이며 종자에 날개가 있다.

원산지는 중국이며 우리나라에서는 전 지역에 공원수나 가로수로 심는다.

# 010 편백 *Chamaecyparis obtusa* (Siebold et Zucc.) Endl.

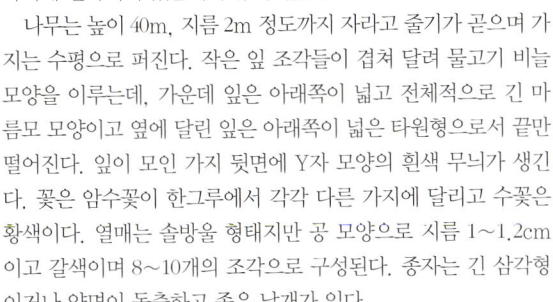

한자식 이름인 '편백'을 그대로 따온 것으로 비늘 모양의 잎이 가지에 밀착되어 있는데서 유래되었다.

나무는 높이 40m, 지름 2m 정도까지 자라고 줄기가 곧으며 가지는 수평으로 퍼진다. 작은 잎 조각들이 겹쳐 달려 물고기 비늘 모양을 이루는데, 가운데 잎은 아래쪽이 넓고 전체적으로 긴 마름모 모양이고 옆에 달린 잎은 아래쪽이 넓은 타원형으로서 끝만 떨어진다. 잎이 모인 가지 뒷면에 Y자 모양의 흰색 무늬가 생긴다. 꽃은 암수꽃이 한그루에서 각각 다른 가지에 달리고 수꽃은 황색이다. 열매는 솔방울 형태지만 공 모양으로 지름 1~1.2cm이고 갈색이며 8~10개의 조각으로 구성된다. 종자는 긴 삼각형이거나 양면이 돌출하고 좁은 날개가 있다.

원산지는 일본이며 우리나라에서는 제주도 및 남해안 지방에 조림수종으로 심고 있다.

# 011 향나무 *Juniperus chinensis* L.

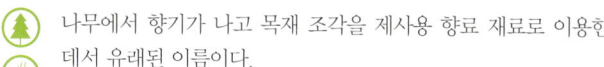

나무에서 향기가 나고 목재 조각을 제사용 향료 재료로 이용한
데서 유래된 이름이다.

　나무는 높이 23m, 지름 1m에 달하고 가지가 위아래로 향하며
오래되면 줄기 껍질이 세로 방향으로 얇게 갈라진다. 잎은 나무
가 어릴 때에는 뾰족한 침엽이지만 10년만 자라면 비늘잎으로 바
뀐다. 오래된 나무라 할지라도 돋아나는 움가지에는 침엽이 흔히
나타난다. 꽃은 암수꽃이 각각 서로 다른 그루에 피며 지난해 동
안 자란 가지의 끝 쪽에 모여 난다. 수꽃 덩어리는 길이 3mm 쯤
되는 타원형이며 엷은 자갈색이고 암꽃은 둥글고 길이 1.5mm
정도로서 황록색이다. 열매는 솔방울 형태로 공 모양 또는 납작
한 공 모양이며 지름 7.5~12mm 정도다.

　원산지는 한국, 중국, 몽고, 일본 등이며 우리나라에는 울릉도
에 자생지가 있고 전국에서 심어 기른다.

# 012 호랑버들 *Salix caprea* L.

겨울눈의 모양이 호랑이 눈을 닮았다 하여 붙여진 이름이다.

　나무는 높이 6m, 지름 15cm 정도로 자라며 가지가 굵게 발달한다. 잎은 긴 타원형 내지는 넓은 타원형이며 길이 3～14cm, 폭 2～7cm이다. 잎끝은 뾰족해지고 밑은 둥글거나 뾰족하며 가장자리는 밋밋하거나 뚜렷하지 않은 톱니가 있고 표면은 녹색이며 주름이 많고 털이 없으며 뒷면에 백색 털이 빽빽하게 있다. 꽃은 여러 개가 모여서 꼬리 모양으로 달리며 암꽃 덩어리와 수꽃 덩어리가 서로 다른 그루에 달린다. 수꽃 덩어리는 길이 2～3cm로서 타원형이고 화축에 털이 있으며 암꽃 덩어리는 길이 2～3cm로서 긴 타원형이다. 열매는 작고 긴 계란 모양의 꼬투리이며 털이 달린 씨앗이 안에 들어 있어 다 익으면 바람에 날린다. 뿌리는 직근보다는 측근이 더 발달해 있다.

　원산지는 한국이며 전국의 산지에 자생한다.

# 013 까치박달 *Carpinus cordata* Blume

'박달나무'에 새의 이름인 '까치'를 접두어로 붙인 것으로 박달나무와는 과가 같으나 속이 다른 나무이다.

나무는 높이 15m, 지름 60cm 정도까지 자라며 줄기 껍질은 회색으로서 거의 매끈하고 세로로 갈라진다. 잎은 2줄로 어긋나며 계란 모양의 긴 타원형이며 길이 7~14cm, 폭 7cm로서 끝이 점차 뾰족해지고 밑은 심장 모양이다. 꽃은 암수꽃이 한그루에 따로 달리며 수꽃 덩어리는 잎과 함께 가지 끝에 꼬리 모양으로 달리고 길이 1~6cm이며 암꽃 덩어리는 가지 끝에서 밑으로 처지고 작은 조각이 모여 있는 모양이다. 열매는 길이 15~20mm 정도의 작은 잎 모양 포들이 뭉쳐 달리고 이 포에 작은 씨앗이 싸여 있다.

원산지는 한국, 중국, 시베리아, 일본 등이며 우리나라에서는 전국 깊은 산의 계곡에서 자란다.

# 014 | 서어나무 *Carpinus laxiflora* (Siebold et Zucc.) Blume

자작나무과
**Betulaceae**

한자이름에서 유래했으며 서목(西木)이 변하여 서나무, 서어나무로 되었다.

나무는 높이 15m, 지름 1m 정도까지 자라고 줄기 껍질은 회색이고 매끈하며 근육 모양으로 울퉁불퉁하다. 잎은 어긋나고 타원형 또는 긴 계란 모양이고 길이 5.5~7.5cm, 폭 2.5~4cm로서 끝이 꼬리처럼 길고 뾰족해지며 밑은 둥글거나 약간 심장 모양이다. 꽃은 암수꽃이 한그루에 따로 달리며 수꽃 덩어리는 전년도 가지의 잎 달리는 자리에 꼬리 모양으로 달리고, 암꽃 덩어리는 금년의 새로 나온 가지 끝에서 밑으로 처지고 작은 조각이 모여 있는 모양이다. 열매는 한쪽은 조각으로 갈라지고 반대쪽에는 돌기가 있는 길이 1~1.7cm 정도의 작은 잎 모양 포들이 뭉쳐 달리고 이 포에 작은 씨앗이 싸여 있다.

원산지는 한국, 중국, 일본 등이며 우리나라에서는 강원도 및 황해도 이남의 산지에 자생한다.

개서어나무 *Carpinus tshonoskii* Maxim.

본래의 나무와 비슷하다는 의미로 나무 이름에 '개' 자가 붙는 경우가 많으며 이 나무는 '서어나무'와 비슷하다는 의미가 된다.

나무는 높이 15m, 지름 70cm 정도로 자라며 줄기 껍질은 회색이고 울퉁불퉁하지만 터지지 않는다. 잎은 2줄로 어긋나며 길이 4~8cm로서 계란 모양, 타원형 또는 계란 모양 타원형이고 끝이 점차 뾰족해지고 밑은 거의 둥글다. 꽃은 암수꽃이 한그루에 따로 달리며 수꽃 덩어리는 잎과 함께 가지 끝에 꼬리 모양으로 달리는데 길이 1~6cm이다. 암꽃 덩어리는 가지 끝에서 밑으로 처지고 작은 조각이 모여 있는 모양이다. 열매는 한쪽에만 톱니가 있는 길이 7~22mm 정도의 작은 잎 모양 포들이 뭉쳐 달리고 이 포에 작은 씨앗이 싸여 있다.

원산지는 한국, 중국, 일본 등이며 우리나라에서는 전남, 경남 및 제주도 지방의 깊은 산 계곡에서 자란다.

소사나무 *Carpinus turczaninovii* Hance

한자이름에서 유래했으며 서목(西木)이 변하여 서어나무로 되었던 것과 비슷하게 소서목(小西木)에서 변하였다.

나무는 높이 6m, 지름 20cm 정도까지 자라고 줄기 껍질은 회색이고 매끈하다. 잎은 어긋나며 계란 모양으로 길이 2~5cm이며 끝은 뾰족하고 밑은 심장 모양이다. 꽃은 암수꽃이 한그루에 따로 달리며 수꽃 덩어리는 전년도 가지의 잎 달리는 자리에 꼬리 모양으로 달리고 암꽃 덩어리는 금년의 새로 나온 가지 끝에서 밑으로 처지고 작은 조각이 모여 있는 모양이다. 열매는 양쪽에 톱니가 있는 길이 10~17mm 정도의 작은 잎 모양 포들이 뭉쳐 달리고 이 포에 작은 씨앗이 싸여 있다.

원산지는 한국, 중국, 일본 등이며 우리나라에서는 경기도 · 전남 · 충남 지방의 해안과 남쪽 섬에 자생하고 우리나라 전역의 해안에 생육이 가능하며 강원도 정선과 삼척에도 분포한다.

# **017** 개암나무 *Corylus heterophylla* Fisch. ex Trautv.

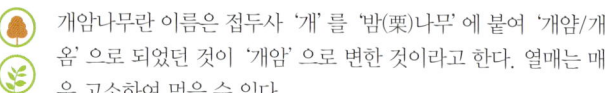

개암나무란 이름은 접두사 '개' 를 '밤(栗)나무' 에 붙여 '개얌/개옴' 으로 되었던 것이 '개암' 으로 변한 것이라고 한다. 열매는 매우 고소하여 먹을 수 있다.

나무는 높이 1~2m 정도로 자라며 줄기 껍질은 윤이 나는 회갈색이며 새 가지는 갈색으로 샘털(선모, 腺毛)이 있다. 잎은 어긋나고 계란 모양이거나 원형이며 끝이 자른 듯이 평평하고 가운데 맥부분만 뾰족하게 튀어나오고 밑은 둥글거나 심장 모양이다. 꽃은 암수꽃이 한그루에 따로 달리며 수꽃 이삭은 길이 4~5cm 정도로 꼬리 모양으로 늘어지고 암꽃 이삭은 겨울눈과 비슷하며 비늘 조각 모양의 포와 암술머리만 보인다. 열매는 도토리와 비슷하여 공 모양이고 지름 15~20mm로서 잎 모양의 포가 종 모양으로 열매를 둘러싼다.

원산지는 한국, 중국, 일본 등이며 우리나라 전역에서 산지의 양지쪽에 많이 자란다.

# 018 밤나무 *Castanea crenata* Siebold et Zucc.

씨앗을 의미하는 고대 국어 '붓'이 '받>발>발암>바암>밤' 등
으로 변해서 된 이름이라고 한다.

　나무는 높이 15m, 지름 1m 정도까지 자라며 줄기 껍질은 암갈
색 또는 암회색이며 세로로 불규칙하게 갈라진다. 잎은 어긋나며
타원형, 긴 타원형이고 끝이 점차 뾰족해지고 밑은 둥글거나 약
간 심장 모양이다. 상수리나무 잎과 비슷하지만 가장자리의 톱니
끝에 엽록체가 있어 녹색으로 보이는 것이 희게 보이는 상수리나
무와 다르다. 꽃은 암수꽃이 한그루에서 따로 피는데 수꽃 이삭
은 꼬리 모양으로 늘어지고 밑부분에 작은 밤송이 같은 암꽃이
보통 3개씩 한군데에 모여 달린다. 열매는 바늘이 있는 껍질로
되어 있고 익으면 벌어져 안쪽에 씨앗인 밤알이 들어 있다.

　원산지는 한국이며 우리나라에서는 전 지역에서 자란다.

상수리는 원래 '토리'였는데 임진왜란 당시 몽진한 선조가 묵을 쑤어 맛있게 먹고 후에도 수라에 올랐다 하여 '상수'라고 부르게 되었다가 뒤에 상수리가 되었다고 한다.

나무는 높이 20~25m, 지름 1m 정도까지 자라고 줄기 껍질은 흑회색이며 세로로 갈라진다. 잎은 긴 타원형이고 끝이 둔하거나 뾰족한 각을 이룬다. 밤나무 잎과 비슷하지만 가장자리의 톱니 모양 거치 끝에 엽록체가 없어 희게 보여 녹색으로 보이는 밤나무와 구별된다. 꽃은 암수꽃이 한그루에 따로 달리며 수꽃들이 모인 이삭은 새 가지 밑부분의 잎달린 곳에 달려 처지고 암꽃들이 모인 이삭은 새 가지 윗부분의 잎달린 곳에 달린다. 열매는 꽃 핀 다음해 10월에 익으며 둥글고 지름 2cm 정도로서 컵 모양의 총포에 싸여있다.

원산지는 한국, 중국, 일본, 히말라야이며 우리나라에서는 전 지역에서 자란다.

이 나무의 이름은 나무껍질에 골이 파였다 해서 골참나무라고 불리던 것이 굴참나무로 되었다고 한다. 코르크질이 잘 발달한 껍질을 떼어 건물의 내장재로 쓰기도 한다.

나무는 높이가 25m, 지름 1m 정도까지 자라고 줄기 껍질은 두꺼운 코르크질이 발달하여 깊이 갈라지고 회갈색이며 손가락으로 누르면 연한 탄력성을 느끼게 한다. 잎은 어긋나고 긴 타원형 또는 타원형이고 길이 8~15cm로서 끝이 점차 뾰족해지고 밑은 둥글거나 약간 심장 모양이다. 꽃은 암수꽃이 한그루에 따로 달리며 수꽃이 모인 이삭은 새 가지 밑에서 처지고 암꽃은 위에서 곧추서며 보통 1개씩 달린다. 열매는 도토리 모양으로 다음해 10월에 성숙한다.

원산지는 한국, 일본이며 우리나라에서는 전 지역에서 자라지만 강원도 및 경상도에 많이 자란다.

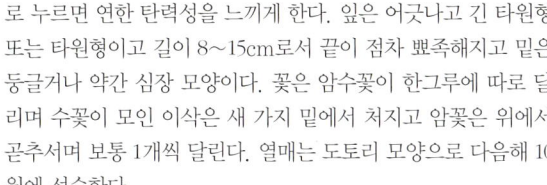

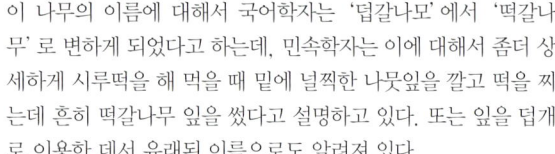

이 나무의 이름에 대해서 국어학자는 '덥갈나모'에서 '떡갈나무'로 변하게 되었다고 하는데, 민속학자는 이에 대해서 좀더 상세하게 시루떡을 해 먹을 때 밑에 널찍한 나뭇잎을 깔고 떡을 찌는데 흔히 떡갈나무 잎을 썼다고 설명하고 있다. 또는 잎을 덥개로 이용한 데서 유래된 이름으로도 알려져 있다.

나무는 높이 20m, 지름 70cm 정도에 달하며 가지는 굵고 넓게 퍼지며 줄기 껍질은 회갈색이고 깊게 갈라진다. 잎은 어긋나고 두꺼우며 끝쪽이 넓은 계란 모양으로 끝은 둔하고 밑은 귓불 모양으로 처진다. 참나무과의 수목 중에서는 잎이 제일 크다. 꽃은 암수꽃이 한그루에 따로 달리며 수꽃이 모인 이삭은 새 가지 밑의 잎 달리는 곳에서 밑으로 처지고 암꽃은 위에서 곧추나와 몇 개가 달린다. 열매는 도토리 모양이다.

원산지는 한국, 중국, 일본 등이며 우리나라에서는 전 지역의 산지에서 자라지만 경기도, 강원도, 황해도 등에 많이 자란다.

# 022 느티나무 *Zelkova serrata* (Thunb.) Makino

이 나무의 이름은 '누렇다'는 특징에서 시작되어 '눌이>눋>누튀나모>느튐나무>느티나무'로 변하게 되었다고 한다. '정자목', '괴목'이라고도 부른다.

나무는 높이 26m, 지름 3m까지도 자라며 줄기 껍질은 매끄러우나 비늘처럼 떨어지고 옆으로 무늬가 생긴다. 굵은 가지가 발달하고 끝으로 갈수록 가는 가지로 갈라진다. 잎은 어긋나며 긴 타원형, 타원형 또는 계란 모양이고 점차 끝이 뾰족해지고 밑은 좁은 각을 이룬다. 길이 2~7(13)cm, 너비 1~2.5(5)cm로서 붉은 빛, 노란 빛으로 단풍이 든다. 꽃은 암수꽃이 한그루에 따로 달리며 수꽃은 새 가지 밑에 모여 달리며 암꽃은 새 가지 윗부분에 한 송이씩 달린다. 열매는 단단한 씨앗이 한 개씩 들어 있는 납작한 공 모양이다.

원산지는 한국, 중국, 일본 등이며 우리나라에서는 전 지역에서 자라고 가로수나 공원수로도 흔히 심는다.

산뽕나무 *Morus bombycis* Koidz.

뽕나무 열매인 오디는 소화기능을 촉진시키고 배변을 순조롭게
한다. 그 때문에 먹고 나면 방귀가 뽕뽕 나온다 하여 붙여진 이름
이다. 산뽕나무는 이와 비슷한데 깊은 산에서 자란다는 의미로
붙여진 이름이다.

　　나무는 높이 7~8m, 지름 1m 정도까지도 자라고 줄기 껍질은
회갈색이며 세로로 불규칙하게 갈라지고 얕게 벗겨진다. 잎은 어
긋나며 계란 모양이며 끝은 뾰족하고 밑은 가위로 자른 모양이거
나 심장 모양이다. 길이 2~22cm, 너비 1.5~14cm로서 끝이 꼬
리처럼 길어진다. 꽃은 암꽃과 수꽃이 서로 다른 그루에 피거나
드물게 같은 그루에 따로 달리기도 한다. 수꽃이 모인 이삭은 새
가지 밑에서 처지고 암꽃이 모인 덩어리는 타원형이며 녹색으로
길이 5~15mm 정도이다. 열매는 공 모양이거나 타원형이며 갈
색에서 흑자색으로 익는다.

　　원산지는 한국, 중국, 일본 등이며 우리나라에서는 전국의 산
에서 자란다.

이 나무는 부러질 때 '딱' 하는 소리를 내며 부러진다하여 붙여진 이름이다.

나무는 높이가 3m까지 자라며 작은 가지는 손으로 꺾을 수 없을 정도로 유연하며 줄기 껍질은 매우 질기고 회갈색이다. 잎은 어긋나며 계란 모양이거나 계란 모양의 타원형이며 끝이 점차 뾰족해지고 밑은 둥글거나 약간 심장 모양이다. 길이 5~20cm로서 간혹 깊이 갈라진 것도 있다. 꽃은 암수꽃이 한그루에 따로 달리며 수꽃 이삭은 새 가지 밑부분에 달리며 길이 1.5cm로서 타원형이고 암꽃 덩어리는 윗부분의 잎이 달리는 곳에서 나오며 공 모양이다. 열매는 작고 납작한 공 모양의 열매가 여러 개 모여 전체적으로 큰 공 모양을 이루고 육질로 되어 붉게 익으므로 딸기와 비슷하다.

원산지는 한국, 중국, 일본 등이며 우리나라에서는 전라남도, 경상남도 지방에서 주로 자생한다.

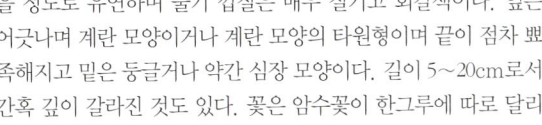

이 나무의 이름은 꽃이 없는 과일이란 뜻으로 붙여졌다. 실제로는 꽃이 없는 것이 아니라 꽃받침과 꽃자루가 비대해진 주머니 속에 수많은 작은 꽃들이 들어 있고 꼭대기만 조금 열려 있어서 꽃을 잘 볼 수 없는 것이다.

나무는 높이 2~4m 정도로 자라고 줄기 껍질은 회백색에서 점차 회갈색으로 변하며 가지를 많이 친다. 가지는 굵으며 갈색 또는 녹갈색이다. 잎은 어긋나며 넓은 계란 모양이며 길이 10~20cm로서 3~5개로 깊게 갈라진다. 잎에 상처를 내면 백색 유액이 나온다. 꽃은 잎 달리는 곳에 주머니 같은 꽃덩어리가 발달하며 그 속에 많은 작은 꽃들이 들어 있다. 주머니 안쪽에서 수꽃은 위쪽에 암꽃은 아래쪽에 위치한다. 열매는 주머니 안에 들어 있는 각각의 꽃들이 발달하고 덩이를 이뤄 주머니 전체가 위가 넓은 계란 모양의 열매가 된다.

원산지는 아시아 서부 및 지중해 연안이며 우리나라에서는 전라남도, 경상남도 지방에서 재배한다.

**026** 계수나무 *Cercidiphyllum japonicum* Siebold et Zucc.

중국이름 계(桂) 또는 계수(桂樹)에서 유래하였다고 하는데, 이들과는 관련이 없는 나무로 실제로는 중국이름으로 연향수(連香樹)에 해당한다.

나무는 높이 25~30m, 지름은 1m 정도까지 자라며 원줄기는 곧추 자라고 굵은 가지가 많이 갈라진다. 줄기 껍질은 회갈색으로 세로로 갈라져서 얇은 조각으로 떨어진다. 잎은 마주나고 넓은 계란 모양 또는 심장 모양으로 끝은 둔하고 밑은 심장 모양이다. 길이와 너비가 각각 3~7.5cm로서 5~7개의 잎맥이 손바닥 모양으로 갈라진다. 꽃은 꽃잎이 없는 암꽃과 수꽃이 서로 다른 그루에 달리며 향기가 있고 잎 달리는 자리에서 잎보다 먼저 1개씩 핀다. 열매는 길이 8~18mm로 약간 굽은 원기둥 모양이고 암자갈색으로 성숙한다. 종자는 편평하며 한쪽에 날개가 있다.

원산지는 일본, 중국이며 우리나라에서는 중부 이남에서 심어 기른다.

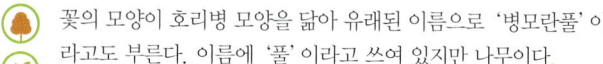

꽃의 모양이 호리병 모양을 닮아 유래된 이름으로 '병모란풀' 이라고도 부른다. 이름에 '풀' 이라고 쓰여 있지만 나무이다.

나무는 높이가 1m에 달하고 줄기에 세로 능선이 뚜렷하며 밑부분은 목질이 발달하지만 윗부분은 죽는다. 잎은 마주나며 작은 잎 3개가 모여 큰 잎을 이룬다. 작은 잎은 다소 두꺼우며 넓은 계란 모양이며 길이 6∼15cm로서 끝이 뾰족하고 밑은 넓은 각을 이루거나 가위로 평평하게 자른 모양이다. 꽃은 잎 달리는 자리에서 여러 개가 모여 달려 전체적으로 우산 모양의 꽃 덩어리를 이룬다. 꽃은 잡성으로서 암술과 수술이 한꽃에 있기도 하고, 서로 다른 꽃으로 나뉘기도 한다. 꽃잎이 아닌 꽃받침으로 구성된 보라색 꽃이 아래를 향해 피는데 밑부분이 통 모양을 이루고 윗부분은 뒤로 젖혀진다. 열매는 길이 3cm로 백색 털이 있는 실 모양의 암술대가 끝까지 붙어 있다.

원산지는 한국, 중국, 일본 등이며 우리나라에서는 전국의 깊은 산에서 자란다.

**028** 큰꽃으아리 *Clematis patens* C.Morren et Decne.

미나리아재비과
Ranunculaceae

'으아리'는 '응어리'가 변화의 과정을 거쳐 생긴 말이라고 한다. 통풍, 류머티즘, 신경통 등을 응어리라고 하는데 이런 응어리진 것을 풀어준다는 의미라는 것이다. 이런 '으아리' 무리 중 꽃이 가장 크고 화려하게 피는데서 이름이 얻어졌다.

　나무의 줄기는 가늘고 길며 길이 2~4m 정도로 자라며 갈색이고 덩굴성이다. 잎은 작은 잎 세 장이 모이거나 그 이상이 깃털처럼 배열되어 큰 잎을 이루고 큰 잎들이 마주난다. 작은 잎은 길이 4~10cm로 계란 모양이고 끝은 뾰족하고 밑은 둥글다. 꽃은 지름 5~10cm로서 백색 또는 연한 자주색이고 가지 끝에 1개씩 달린다. 열매는 작은 계란 모양으로 갈색털이 있는 긴 암술대가 그대로 달려 있다.

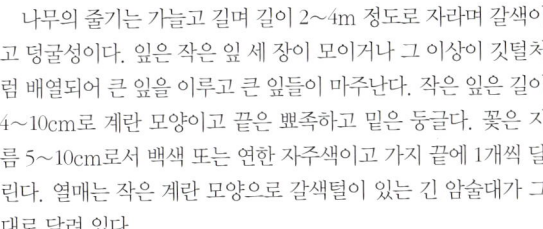

　원산지는 한국, 중국이며 우리나라에서는 전국의 깊은 산에서 자란다.

이 나무는 다른 덩굴식물보다 마디가 약해서 잘 끊어지는 성질이 있는데 여기에서 이름이 생겨났다. 옛날에 사위가 가을걷이 등 처갓집 일을 도울 때 사위에게만 유난히 조금씩만 짐을 실어 지게질을 하게한 장모에게, 함께 일하던 사람들이 이 약한 덩굴로 질빵(지게끈)을 만들어도 끊어지지 않겠다고 놀렸다는 데서 나온 이름이다.

　나무는 길이가 3m에 달하는 덩굴성이며 줄기에 세로 능선이 있다. 잎은 작은 잎 세 장이 모이거나 세 장 묶음이 세 개씩 다시 모여 큰 잎을 이루고 이 큰 잎들이 마주난다. 작은 잎은 길이 4~7cm로서 계란 모양이다. 꽃은 흰색으로 지름 13~25mm 정도이며 잎이 달리는 자리에 원뿔 모양으로 모여 달리며 꽃잎은 4장으로 십자 모양이다. 열매는 5~10개가 모여 달리고 좁은 계란 모양이며 담갈색 털이 있는 암술대가 끝까지 달려 있다.

　원산지는 한국, 중국, 일본 등이며 우리나라에서는 전국의 깊은 산에서 자란다.

모란은 중국이름 목단(牧丹)에서 유래되었다. 목단이 모단으로 다시 모란으로 변한 것이다. '모란' 으로 칭한 유래는, 모란꽃의 丹色(단색) 즉 붉은색이 최고이고, 뿌리에서 싹이 나와 많이 번지는데 그 모습이 힘차다 하여 동물의 수컷을 뜻하는 '모(牡)' 자를 붙이게 되었다고 한다.

　나무는 높이가 2m에 달하며 가지가 굵고, 줄기의 지름이 15cm까지 자란 것도 있다. 잎은 크게 3부분으로 나뉘어지는 깃털 모양의 겹잎이다. 작은 잎은 계란 모양 또는 길고 뾰족한 모양이고 흔히 3~5개로 갈라진다. 꽃은 양성화로서 10개 정도의 꽃잎이 있고 지름 15cm 이상이고 새로 나온 가지 끝에 크고 소담한 꽃이 한 송이씩 핀다. 꽃색은 보통 자주색이나, 개량종에는 짙은 빨강, 분홍, 노랑, 흰빛, 보라 등 다양하며 홑꽃 외에 겹꽃도 있다. 열매는 가죽처럼 두꺼운 주머니 모양으로 달린다.

　원산지는 중국이며 우리나라에서는 함경북도를 제외한 전국에서 재배한다.

'으름덩굴' 이라는 이름은 열매의 살이 투명하고 먹을 때 혀끝에 오는 느낌이 차갑기 때문에 '얼음' 과일이라고 하던 것이 '으름' 으로 변하여 부르게 된 것이라고 한다.

나무는 덩굴로 자라는데 길이가 5m에 달하고 줄기와 가지가 갈색이다. 잎은 작은 잎 5~6개가 손바닥 모양으로 모여 큰 잎을 이룬다. 이 겹잎이 새 가지에서는 어긋나고, 오래된 가지에서는 뭉쳐난다. 작은 잎은 길이 3~6cm로 넓은 계란 모양 또는 타원형 이고 끝이 살짝 오목해지고 밑은 둥글거나 넓은 각을 이룬다. 꽃 은 암수꽃이 한그루에 따로 달리며 잎과 더불어 짧은 가지의 잎 사이에서 몇 개씩 모여 달린다. 꽃색은 자갈색이며 꽃잎은 없고 3 개의 꽃받침 잎이 있다. 수꽃은 작고 많이 달리며 암꽃은 지름 2.5 ~3cm로서 크고 적게 달린다. 열매는 길이 6~10cm로서 바나나 모양으로 긴 타원형이며 껍질이 두껍고 살은 먹을 수 있다.

원산지는 한국, 중국, 일본 등이며 우리나라에서는 황해도 이 남의 산야에 자생한다.

**032** 당매자나무 *Berberis poiretii* C.K.Schneid.

매자나무과
**Berberidaceae**

무서운 매의 발톱과 같은 가시가 있는 나무라는 뜻의 '매자나무'에 원산지 이름을 붙인 나무이름으로 가지의 마디에 턱잎이 변한 날카로운 몇 개의 가시가 달리는 특징과 관련 있는 이름이다.

나무는 높이가 2m까지 자라며 줄기와 가지가 능선이 지며 자갈색이다. 전체에 가시가 달리는데 길이가 0.5~1cm 정도이며 단순하거나 3개로 갈라진다. 잎은 어린가지에서 어긋나고 짧은 가지에서는 뭉쳐나며 끝 쪽이 밑 쪽보다 넓고 뾰족하다. 잎 길이는 2~4cm로 끝은 좁은 각을 이루거나 가위로 자른 듯 평평하고 밑은 좁은 각을 이룬다. 꽃은 양성화로 잎이 달리는 자리에 8~15개의 꽃이 모여 덩이를 이루어 아래로 늘어진다. 꽃잎은 황색이지만 표면은 붉은 빛이 돌며 6개이다. 열매는 물기가 많고 작은 씨앗이 여러 개가 들어 있는 모양이며 붉게 익는다.

원산지는 한국, 만주, 몽고, 유럽이며 우리나라에서는 경기도 수원, 강원도와 평안북도에서 자생하고, 그 외의 지역에서는 관상용으로 심는다.

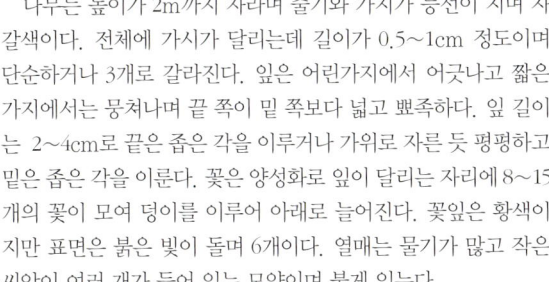

37

# 튜울립나무 *Liriodendron tulipifera* L.

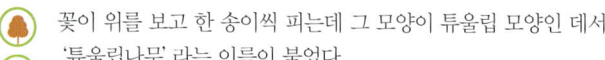
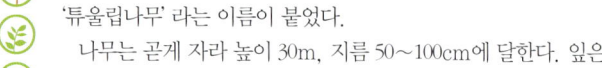

꽃이 위를 보고 한 송이씩 피는데 그 모양이 튜울립 모양인 데서 '튜울립나무' 라는 이름이 붙었다.

나무는 곧게 자라 높이 30m, 지름 50~100cm에 달한다. 잎은 어긋나며 길이 10~15cm로서 끝이 수평으로 자른 듯하다. 잎 모양은 아래쪽이 조금 넓은 원형이고 5~7개로 갈라지며 가을에는 연녹색에서 노란색으로 변하며 단풍이 든다. 꽃은 녹황색으로 피는데 가지 끝에 튜울립 같은 모양으로 한 송이씩 달리며 지름은 6cm 정도이다. 꽃받침잎은 3장, 꽃잎은 6장이고 긴 타원형이며 밑쪽에 오렌지색 반점이 있다. 수술은 많으며 꽃밥은 길이 2cm 이상이다. 암술은 여러 개의 씨방이 모여 있으며 성숙하면 전체적으로 솔방울 모양처럼 되고 길이 7cm 정도 자라며 끝이 날개로 된다.

원산지는 북아메리카이며 우리나라에서는 전국에 심어 기른다.

'작약'을 다른 이름으로 '함박꽃'이라고 부르는데 '함박꽃나무'는 꽃의 모양이 작약 즉 함박꽃과 비슷한 데서 유래되었다고 한다.

나무는 높이가 7m에 달하고 아래쪽에서 줄기와 가지가 많이 갈라진다. 잎은 어긋나며 가죽처럼 두껍고 넓은 타원형, 끝 쪽이 넓은 계란 모양 등이다. 길이 6~15cm, 폭 5~10cm로서 윗부분이 넓은 각을 이루지만 끝은 뾰족하고 밑은 둥글다. 꽃은 양성화로서 잎이 나온 다음 나와서 밑을 향해 피고 지름 7~10cm로서 백색이며 향기가 있다. 꽃잎은 6~9개이며 꽃밥과 수술대는 붉은 빛이 돈다. 열매는 길이는 3~4cm로서 약간 계란 모양의 공 모양이고 검은색으로 익는다. 종자는 타원형이며 붉은색으로 익으며 열매의 살이 익으면 열매 밖으로 터져 나와 백색 줄에 달린다.

원산지는 한국, 중국, 일본 등이며 우리나라에서는 함경북도를 제외한 전국 산야의 계곡에 자생한다.

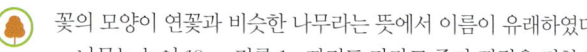

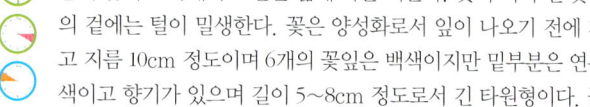

꽃의 모양이 연꽃과 비슷한 나무라는 뜻에서 이름이 유래하였다. 나무는 높이 10m, 지름 1m까지도 자라고 줄기 껍질은 진한 갈색이다. 잎은 길이 5~15cm, 폭 3~6cm이고 넓은 계란 모양이며 끝이 급히 뾰족해지고 밑은 넓게 각을 이룬다. 꽃이 피기 전 꽃눈의 겉에는 털이 밀생한다. 꽃은 양성화로서 잎이 나오기 전에 피고 지름 10cm 정도이며 6개의 꽃잎은 백색이지만 밑부분은 연홍색이고 향기가 있으며 길이 5~8cm 정도로서 긴 타원형이다. 꽃받침잎은 3개이며 선형이고 길이 1.5~2.5cm, 폭 3~4mm로서 일찍 떨어진다. 보통 꽃의 기부에 1개의 어린잎이 붙어 있어 백목련과 구별할 수가 있다. 또 백목련은 꽃잎과 꽃받침이 구분되지 않고 9개로 보이며 꽃잎의 밑부분에 담홍색이 없는 점 등이 목련과 다르다. 열매는 모여서 길이 5~7cm 정도의 타원형 모양이며 붉은색으로 익는다.

원산지는 한국, 일본이며 우리나라에서는 전국 각지에 심어 기른다.

# 036 백목련 *Magnolia denudata* Desr.

'목련' 과 같이 꽃의 모양이 연꽃과 비슷한 나무라는 뜻이 들어 있으며 여기에 덧붙여 크고 화려한 흰색 꽃이 강조된 이름이다.

나무는 곧게 자라 높이가 15m에 달한다. 잎은 어긋나고 길이 10~15cm, 폭 3~7cm로서 계란 모양 또는 끝 쪽이 넓은 계란 모양의 긴 타원형이며 끝이 뾰족해지고 밑은 좁은 각을 이룬다. 꽃은 양성화이며 가지 끝에서 잎보다 먼저 큰 백색 꽃이 피고 지름 12~15cm로서 향기가 짙다. 다른 목련류처럼 꽃잎이 6장이나 바깥 꽃받침 3장이 흡사 꽃잎 같아 9장으로 보인다. 꽃잎은 모양이 서로 비슷하며 끝 쪽이 넓은 계란 모양에 가깝고 두껍다. 꽃눈은 커서 4cm까지 되는 것도 있으며 긴 황갈색의 털이 밀생한다. 열매는 모여서 길이 8~12cm의 원기둥 모양을 이루며 홍갈색으로 익는다. 종자는 타원형이며 붉은색으로 익으며 열매의 살이 익으면 열매 밖으로 터져 나와 백색 줄에 달린다.

원산지는 중국이며 우리나라에서는 전국 각지에 심어 기른다.

열매에서 신맛, 단맛, 쓴맛, 짠맛, 매운맛의 다섯 가지 맛이 난다고 해서 붙여진 이름이다.

나무는 가는 덩굴로 6~9cm 정도까지 자라며 드문드문 가지가 갈라지고 회갈색이 난다. 잎은 어긋나거나 짧은 가지에서 모여 나며 길이 7~10cm, 폭 3~5cm로서 넓은 타원형, 긴 타원형 또는 계란 모양이고 끝이 뾰족하고 밑은 좁은 각을 이룬다. 꽃은 암수가 다른 그루에 피는데 3~5송이의 꽃이 새로 나온 짧은 가지의 잎 달리는 자리에서 각각 한 송이씩 핀다. 꽃은 지름 15mm로서 약간 붉은 빛이 도는 황백색이며 꽃잎과 꽃받침이 구분이 안 되며 합해서 6~9개이다. 열매는 살이 많고 1~2개의 씨앗이 들어 있으며 공 모양이거나 끝 쪽이 넓은 계란 모양이고 홍색으로 익는다.

원산지는 한국, 중국, 일본 등이며 우리나라에서는 전국에 걸쳐 자생하며 특히 지리산, 속리산, 태백산에서 많이 자란다.

**038** 생강나무 *Lindera obtusiloba* Blume

잎과 가지에 방향성 정유를 함유하고 있어 꺾거나 상처가 나면 생강 냄새가 나는 특성에 따라 붙여진 이름이며, 중부이북 지방에서는 '산동백나무', 강원도 지역에서는 '동박나무' 라고도 부른다.

　나무는 높이가 3m에 달하며 줄기 껍질은 흑회색이고 작은 가지는 황록색이다. 잎은 어긋나며 길이 5~15cm, 너비 4~13cm로서 계란 모양 또는 원형이며 끝이 둔하고 흔히 3~5개로 갈라지고 밑은 심장 모양 또는 둥근 모양이다. 꽃은 암수꽃이 서로 다른 그루에 달리며 잎보다 먼저 피고 황색으로 여러 개가 모여 우산 모양으로 달린다. 열매는 살이 있는 편이며 둥글고 지름 7~8mm이며 녹색에서 황색 또는 홍색으로 변하며 흑색으로 익는다.

　원산지는 한국, 중국, 일본 등이며 우리나라에서는 전지역에 자생한다.

나무열매 모양이 마치 말발굽의 편자같이 생겨서 '말발도리' 라는 이름이 붙여졌으며 여기에 말발도리와 닮았지만, 줄기의 속이 비어 있어 속이 빈 말발도리라는 의미에서 '빈도리' 라는 이름이 붙여졌고 다시 꽃잎이 겹으로 화려하게 피는 특징이 덧붙여져 '만첩빈도리' 라는 이름이 만들어졌다. '꽃말발도리' 라고도 부른다.

　나무는 2~3m 정도까지 자라며 가는 줄기가 많이 갈라지고 오래된 가지는 껍질이 벗겨진다. 잎은 마주나며 길이 3~6cm, 폭 1.5~3cm로서 계란 모양 또는 좁고 길며 뾰족한 형태가 된다. 잎 끝은 점차 뾰족해지고 밑은 둥글다. 꽃은 여러 개가 모여 길게 달리며 꽃잎이 겹으로 10장 이상 달린다. 열매는 꼬투리로 달리고 지름 3.5~6mm로서 둥글며 끝에 암술대가 남아 있다. 잎, 어린 가지, 열매 등을 확대경으로 자세히 보면 별 모양으로 갈라진 털이 밀생한다.

　원산지는 일본이며 우리나라에서는 전국에 관상용으로 심어 기른다.

나무열매 모양이 마치 말발굽의 편자같이 생겨서 '말발도리' 라는 이름이 붙여졌으며 여기에 덧붙여, 얼음이 녹는 이른 봄 암벽에 매화같이 예쁘게 꽃이 핀다고 해서 '매화말발도리' 라는 이름을 얻게 되었다.

　나무는 높이가 1m에 달하며 줄기 껍질은 회색이고 불규칙하게 벗겨진다. 잎은 마주나고 길이 4~6cm로서 긴 타원형 또는 좁고 길며 뾰족해지는 모양이다. 잎끝은 점차 뾰족해지고 밑은 넓게 각을 이룬다. 꽃은 전년도 가지의 측면에서 1~3개씩 피며 간혹 꽃밑에 1~2개의 잎이 달리기도 한다. 꽃잎은 5장으로 백색이며 길이 15~20mm이고 수술은 10개이고 수술대 양쪽에 날개가 있다. 열매는 꼬투리로 3개의 홈이 있고 암술대가 남아 있다.

　원산지는 한국, 일본이며 우리나라에서는 전국 깊은 산의 바위틈에서 자란다.

비단으로 수를 놓은 것 같은 둥근 꽃이 달린다는 뜻의 '수구화(繡毬花)'가 변하여 '수국'이 되었으며 여기에 깊은 산에서 산다는 의미가 덧붙여져 '산수국'이라는 이름을 얻었다.

나무는 높이가 1m에 달하며 밑에서 많은 줄기를 내어 번성한다. 잎은 마주나고 길이 5~15cm, 폭 2~10cm로서 타원형 또는 계란 모양이며 끝이 꼬리처럼 길게 뾰족해지고 밑은 둥글거나 각을 이룬다. 꽃은 그 해에 자란 가지 끝에 여러 개가 모여서 큰 덩어리를 이루고 꽃 덩어리의 가장자리에는 지름 2~3cm 정도의 무성화가 달린다. 수정 기능이 없는 무성화는 꽃잎 같은 모양으로 발달한 꽃받침이 3~5개가 달리며 옥색에서 옅은 홍색까지 다양한 색을 띤다. 열매는 꽃덩어리 가운데에 모여 있는 양성화가 수정되어 작고 뒤집어놓은 계란 모양의 꼬투리로 달린다.

원산지는 한국, 중국, 일본 등이며 우리나라에서는 중부 이남의 깊은 산 계곡에 자생한다.

**042** 돈나무 *Pittosporum tobira* (Thunb.) W.T.Aiton

돈나무과
Pittosporaceae

이 나무는 꽃이 피어 있을 때에도 많은 곤충이 찾아오지만 열매에도 끈적끈적한 점액질이 있어 온갖 곤충은 물론, 특히 파리가 많이 찾아 와서 제주도 사람들은 이런 모습을 보고 '똥낭' 즉 똥나무라 부르게 되었다고 한다. 이 이름이 문헌에 기록되는 과정에서 부정확한 발음으로 돈나무로 바뀌게 되었다.

나무는 높이 2~3m 정도로 자라고 줄기가 밑에서 여러 개로 갈라진다. 잎은 어긋나지만 가지 끝에서는 모여 달리고 두꺼우며 표면은 짙은 녹색으로서 윤이 난다. 끝이 넓고 긴 계란 모양으로 되고 끝은 둔하고 밑은 각을 이루며 길이 4~10cm, 폭 2~4cm 정도이다. 꽃은 양성화이고 가지 끝에 모여 달리며 향기가 있고 백색에서 황색으로 변한다. 열매는 꼬투리로 공 모양이거나 넓은 타원형이며 길이 1.2cm 정도로서 누렇게 익으면 3개로 갈라져서 붉은 점액에 싸인 종자가 여러 개 나온다.

원산지는 한국, 중국, 일본 등이며 우리나라에서는 전라남도, 경상남도 해안 지방 및 제주도에 자생한다.

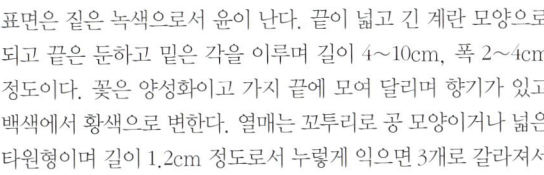

47

**043** 히어리 *Corylopsis gotoana var. coreana* (Uyeki) T.Yamaz.

조록나무과
**Hamamelidaceae**

'히어리'란 이름은 흰색이란 뜻에서 붙여진 순수한 우리말이라고 하는데 나무의 어느 부위가 흰색인지는 명확하지 않다. 꽃 덩어리 아래에 있는 포와 꽃잎이 옅은 노랑색이고 약간 반투명해서 희끗희끗하게 보이기도 한다.

나무는 높이 1~2m 정도 자라고 아래에서 줄기가 많이 갈라지며 줄기 껍질은 황갈색 또는 암갈색이다. 잎은 어긋나고 밑쪽이 좀 넓은 원형으로 길이 5~9cm, 너비 4.5~8.2cm이며 밑은 심장 모양이다. 꽃은 옅은 황색으로 피고 8~12개가 3~4cm 정도의 꽃대에 모여 달려 길게 아래로 처진다. 꽃받침, 꽃잎, 수술이 각각 5개씩이다. 열매는 딱딱하고 물기가 없으며 공 모양에 가깝다.

원산지는 한국이며 우리나라에서만 자라는 특산식물로서 전남(백운산, 조계산, 팔영산), 경남(지리산), 경기(백운산) 등 일부 지역에서만 자생한다.

# **044** 가침박달 *Exochorda serratifolia* S.Moore

'가침박달'의 '가침'은 실로 감아 꿰맨다는 '감치다'에서 유래하였고, '박달'은 나무의 질이 단단한 박달나무에서 비롯된 것으로 보고 있다. 실제로 이 나무의 열매는 씨방이 여러 칸으로 나뉘어 있는데 각 칸이 실이나 끈으로 꿰맨 것처럼 되어 있어 독특한 모양을 보인다.

나무는 높이 1~5m이며 껍질은 회갈색이고 작은 가지는 붉은빛이 도는 갈색이다. 잎은 어긋나며 길이 5~9cm, 폭 2~4cm로서 타원형 또는 끝이 넓은 계란 모양의 타원형이고 끝이 뾰족하고 밑은 각을 이룬다. 꽃은 양성으로서 지름이 4cm 정도이고 백색이다. 꽃잎과 꽃받침이 5개씩이고 여러 개의 꽃이 가지 끝에 모여서 길게 달린다. 열매는 꼬투리로 계란 모양이며 모가 지고 익으면 뒷면이 터지면서 날개가 달린 종자가 튀어 나온다.

원산지는 한국, 중국, 일본, 러시아, 유럽, 북아메리카이며 우리나라에서는 경북, 충북, 강원도, 황해도 및 북부지방의 산지에서 자생한다.

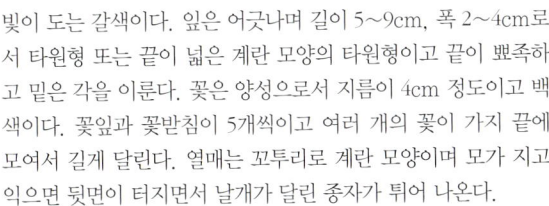

쉬땅나무 *Sorbaria sorbifolia* var. *stellipila* Maxim.

장미과
Rosaceae

이 나무의 줄기는 속이 비어 공기가 들어 있다. 그래서 이 나무가 탈 때에는 줄기가 뜨거워짐에 따라 줄기에 들어 있던 공기가 새어나오면서 "쉬" 소리가 나다가 줄기가 더 뜨거워지면 "따" 소리를 내며 터진다. 이렇게 이 나무가 탈 때에는 "쉬" "땅" "쉬" "땅" 소리를 내기 때문에 이름이 붙여졌다고 한다.

나무는 높이가 2m에 달하며 많은 줄기가 한군데에서 모여난다. 잎은 어긋나며 작은 잎들 13~23개가 모여 길이 20~30cm로 깃털 모양의 겹잎을 이룬다. 작은 잎은 길이 6~10cm, 폭 1.8~2.5cm로서 좁고 길며 뾰족한 모양이고 끝은 뾰족하고 밑은 둥글다. 꽃은 백색이고 꽃받침잎과 꽃잎은 각각 5개이며 수많은 꽃이 가지 끝에 길이 10~20cm 정도로 길게 모여 달린다. 열매는 작은 주머니처럼 되고 긴 공 모양으로 길이 6mm 정도이다.

원산지는 한국, 중국, 일본 등이며 우리나라에서는 강원도 이북과 경북에 자란다.

잔잔한 흰꽃이 좁쌀로 지은 밥 즉 '조밥'을 연상시킨다 하여 '조밥나무'라고 불리던 것에서 유래하였다고 한다.

나무는 높이 1.5~2m이고 줄기는 밤색이며 능선이 있고 윤이 난다. 밑에서 많은 줄기가 나와 큰 포기를 형성한다. 잎은 어긋나며 길이 2.0~3.5cm로서 끝이 넓은 계란 모양 또는 타원형이고 끝이 뾰족하고 밑은 각을 이룬다. 잎 가장자리에 잔톱니가 있으며 앞뒷면에 털이 없다. 꽃은 백색이고 꽃잎과 꽃받침은 각각 5개씩이며 4~6개의 꽃이 모여 우산 모양의 꽃 덩어리를 이룬다. 가지 윗부분의 곁눈이 모두 꽃으로 되어 이런 꽃 덩어리가 잎이 나오기 전에 가지 윗부분에 많이 달린다. 열매는 작은 주머니 모양으로서 길이 3~4mm이다.

원산지는 한국, 중국이며 우리나라에서는 전 지역에서 자란다.

51

**047** 꼬리조팝나무 *Spiraea salicifolia* L.

작은 꽃들이 모여 있는 꽃 모양에서 좁쌀로 지은 밥 즉 '조밥' 을 연상시킨다 하여 '조밥나무' 라고 불리던 조팝나무에 덧붙여 붉은색 꽃이 마치 동물의 꼬리 모양으로 아름답게 피므로 '꼬리조팝나무' 라고 불렸다고 한다.

나무는 높이 1~1.5m이며 가지는 능선이 있다. 잎은 어긋나며 길이 4~8cm, 폭 1.5~2cm로서 좁고 길게 뾰족하며 밑은 좁은 각을 이룬다. 잎 앞면에는 털이 없으며 뒷면에 잔털이 있고 가장자리에 잔톱니가 있다. 꽃은 지름 5~8mm로서 줄기 끝에서 많은 수가 모여 크고 긴 덩어리를 이룬다. 꽃잎은 5장이며 연한 붉은색이고 수술이 꽃잎보다 길게 밖으로 나와 부슬부슬한 모습이 된다. 열매는 길이 3.5cm 정도로 주머니 모양이다.

원산지는 한국, 중국, 일본 등이며 우리나라에서는 중부 이북의 산지에 자생한다.

**048** 병아리꽃나무 *Rhodotypos scandens* (Thunb.) Makino

순백색의 하얀 꽃을 병아리에 비유한 데서 유래된 이름이다.

나무는 높이가 2m에 달하고 가는 줄기가 많이 나온다. 잎은 마주나며 길이 4~8cm, 폭 2~4cm로서 계란 모양 또는 긴 계란 모양이고 끝이 점차 뾰족해지고 밑은 둥글다. 잎의 표면은 짙은 녹색으로 주름이 많고 뒷면은 연한 녹색이고 실같은 털이 있다. 꽃은 지름 3~5cm로서 소담한 백색의 꽃이 새 가지 끝에서 하나씩 피고 꽃받침은 편평하다. 꽃잎은 4개로서 장미과 식물이 보통 5개가 되는 것에 비해 특이하게 발달하였다. 꽃받침도 4개로서 좁은 계란 모양이고 톱니가 있으며 4개의 작은 부악편(보조 꽃받침)과 마주 달린다. 열매는 길이 8mm 정도로서 타원형이며 윤채가 나고 검게 익는다.

원산지는 한국, 일본이며 우리나라에서는 황해도 이남의 산지에서 자생한다.

꽃이 매화와 비슷하고 황색으로 피는 데서 이름이 붙여졌으며, 겹꽃이 피는 것을 '죽단화', 홑꽃이 피는 것을 '황매화'라고 한다.

나무는 높이가 2m에 달하고 뿌리에서 많은 가지가 뭉쳐나며 작은 가지는 녹색으로 능선이 진다. 잎은 어긋나며 길이 3～7cm, 폭 2～3.5cm로서 긴 타원형, 타원형 또는 긴 계란 모양이고 끝이 점차 뾰족해지며 밑은 좁은 각을 이루거나 약간 심장 모양이다. 잎의 가장자리에 톱니가 있으며 깊게 갈라지기도 하며 앞면에는 엽맥이 오목하게 들어가며 뒷면은 맥이 튀어나온다. 꽃은 양성화로서 가지 끝에 1개씩 잎과 같이 피며 지름 3～4cm이고 황색이다. 꽃잎과 꽃받침은 각각 5개이고 꽃잎은 계란 모양 또는 계란 모양의 원형이다. 열매는 딱딱하게 마르고 흑갈색으로 익는다.

원산지는 중국, 일본이며 우리나라에서는 전국에 심어 기른다.

# 050 곰딸기 *Rubus phoenicolasius* Maxim.

곰딸기에는 검붉은 가시털이 빽빽이 나는데 이것이 검붉게 보이는 곰의 빛깔과 비슷하다고 해서 이름이 붙게 되었다. 이런 특징으로 '붉은가시딸기'라고도 부른다.

나무는 윗부분이 밑으로 처지며 길이가 3m에 달하고 줄기는 붉은 빛이 도는 자주색이며 가시가 드문드문 있고 붉은 색의 샘털이 밀생한다. 잎은 어긋나며 작은 잎이 3~5개가 모여 깃털모양의 겹잎을 이루는데 그 중 제일 끝의 작은 잎이 가장 크다. 작은 잎은 길이 4~10cm로서 넓은 계란 모양이며 끝이 점차 뾰족해지고 밑은 좁은 각을 이루거나 둥글다. 잎 뒷면에 흰색 털이 빽빽하게 있어 다른 딸기나무류와 쉽게 구별된다. 꽃은 새 가지 끝에서 덩어리로 달리며 꽃잎은 타원형으로 연한 홍색이고 꽃받침보다 짧으며 씨방에 털이 없다. 열매는 둥글며 지름 1.5cm로 홍색으로 성숙하면 먹을 수 있다.

원산지는 한국, 중국, 일본이며 우리나라에서는 전국의 산지에서 자란다.

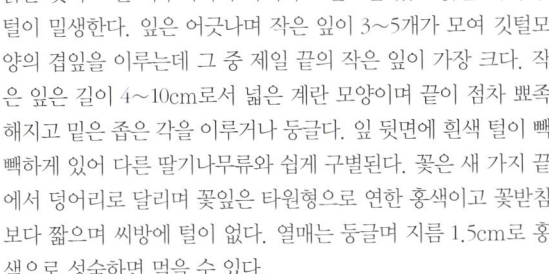

복분자딸기 *Rubus coreanus* Miq.

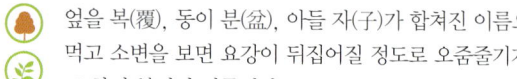
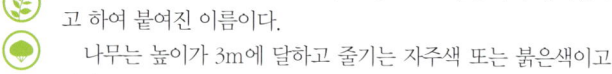

엎을 복(覆), 동이 분(盆), 아들 자(子)가 합쳐진 이름으로 이것을
먹고 소변을 보면 요강이 뒤집어질 정도로 오줌줄기가 세어진다
고 하여 붙여진 이름이다.

나무는 높이가 3m에 달하고 줄기는 자주색 또는 붉은색이고
흰가루로 덮여 있으며 아래로 흰가시가 있다. 잎은 작은 잎은 3
~7개가 모여 깃털 모양 겹잎을 이루며 이 겹잎들이 어긋난다.
작은 잎은 길이 3~7cm로서 계란 모양 또는 타원형이며 끝이 뾰
족하고 밑은 넓거나 좁게 각을 이루거나 둥글다. 꽃은 옅은 홍색
으로 가지 끝에 여러 개가 모여 큰 덩어리를 이룬다. 꽃잎은 길이
5mm로서 꽃받침보다 짧고 끝 쪽이 넓은 계란 모양이다. 열매는
모여서 둥글게 되고 붉은색으로 익지만 나중에는 흑색으로 된다.
열매를 복분자라 한다.

원산지는 한국이며 우리나라에서는 전국 산의 양지바른 곳에
서 자란다.

**052** 찔레나무 *Rosa multiflora* Thunb.

장미과
**Rosaceae**

줄기에 갈퀴 같은 가시(찔레)가 많이 있어 가시에 잘 찔린다 하여
붙여진 이름이다.

　나무는 높이가 2m에 달하고 줄기는 곧게 서거나 비스듬히 옆
으로 뻗어 흔히 덩굴성으로 되며, 작은 가지는 녹색이지만 겨울
에 붉게 되고 가시가 있다. 잎은 5～9개의 작은 잎으로 구성된 깃
털 모양 겹잎이며 이 겹잎이 어긋난다. 작은 잎은 길이 2～3cm,
폭 1～2cm 정도로서 타원형 또는 끝 쪽이 넓은 계란 모양이고 끝
은 뾰족하고 밑은 둥글다. 꽃은 백색 또는 연홍색이며 향기가 있
고 지름 2cm 정도로 새 가지 끝에 여러 개가 모여서 원뿔 모양의
덩어리를 이룬다. 꽃잎은 5개이고 끝 쪽이 넓은 계란 모양이고
끝이 약간 오목하다. 열매는 물기가 많고 지름 8mm 정도로 둥글
며 붉은색으로 익는다.

　원산지는 한국, 일본이며 우리나라에서는 전국 산야의 산기슭
과 계곡에서 흔히 볼 수 있다.

해당화(海棠花)는 중국에서 유래된 말로서 바다에 피는 당(棠)꽃이라는 의미를 가지고 있는데 당꽃은 아가위(산사나무의 옛말) '당(棠)'이라고 한다. 결국 해당화는 바다에 피는 산사나무라는 의미가 된다.

　나무는 높이 1.5m 정도 자라며 곧고 예리한 가시가 밀생한다. 잎은 5~9개의 작은 잎으로 구성된 깃털 모양 겹잎이 어긋난다. 작은 잎은 길이 2~5cm, 폭 1.2cm로서 타원형 또는 끝 쪽이 넓은 계란 모양이고 끝이 뾰족하거나 둔하고 밑은 각을 이룬다. 꽃은 지름 6~9cm로서 새 가지 끝에서 홍자색으로 피고 향기가 있으며 꽃자루에 가시같은 털이 있다. 꽃잎은 5개로 끝 쪽이 넓은 계란 모양으로서 끝이 오목하다. 열매는 납작한 공 모양이며 지름 2~2.5cm로서 붉은색으로 익는데, 끝에 꽃받침이 끝까지 붙어 있다.

　원산지는 한국, 중국, 일본이며 우리나라에서는 주로 전국의 바닷가 모래땅에 자생한다.

어머니가 되는 것을 알리는 나무란 뜻의 중국이름 매(梅)를 그대로 사용한 이름이다. 이 나무의 열매를 '매실'이라고 하는데 신맛이 강하여 임신한 여자들이 찾는다는데서 유래되었다고 한다.

나무는 높이 4~6m, 지름 60cm 정도까지 자라며 우산 모양으로 자란다. 어린가지는 녹색이나 오래된 가지는 암자색으로 줄기 껍질은 갈라진다. 잎은 어긋나며 길이 4~10cm로 계란 모양 또는 타원형으로 끝은 길게 뾰족하고 밑은 둥글다. 꽃은 지름 2.5cm 내외이며, 백색 또는 담홍색으로 잎보다 먼저 피고 향기가 강하다. 꽃잎은 5개로 끝 쪽이 넓은 계란 모양으로 끝이 둥글고 많은 수술이 울타리처럼 1개의 암술을 보호하고 있다. 열매는 지름 2~3cm로 물기가 많고 안에 단단한 씨앗이 한 개씩 들어 있으며 녹색에서 황록색으로 익는다. 열매는 식용하는데 신맛이 강하며 종자는 열매 살이 잘 떨어지지 않는다.

원산지는 중국, 일본이며 우리나라에서는 남쪽지방에서 흔히 심어 기른다.

'복사나무'란 이름의 유래는 불분명하지만 그 아름다움이 돋보이는 나무이다. 분홍색으로 화사하게 피어나는 꽃과 잘 익은 열매의 색깔은 아가씨의 뺨을 닮았다. '복숭아나무'라고도 불리는데 '복성화＞복송와＞복숑아＞복숭아'로 바뀌게 되었다고 한다. 이 나무의 꽃은 눈에 잘 띄는 상징적인 고향의 꽃이다.

나무는 높이 6m 정도까지 자라고 줄기 껍질은 암홍갈색이고 작은 가지가 녹색 또는 옅은 붉은색으로 매끈하다. 잎은 어긋나며 길이 7～15cm, 폭 2～3.5cm로서 좁고 길게 뾰족하며 끝이 점차 뾰족해지고 밑은 좁은 각을 이룬다. 꽃은 연한 홍색으로 잎보다 먼저 피고 지름 2.5～3.3cm로서 1～2개씩 달린다. 꽃잎은 5개이며 긴 타원상 원형으로 수평으로 퍼진다. 열매는 지름 5cm 이상으로 밑이 넓은 공 모양이고 단단한 씨앗이 한 개씩 들어 있다. 씨앗은 열매 살로부터 잘 떨어지지 않는다.

원산지는 중국이며 우리나라에서는 전국에 심어 기른다.

# 왕벚나무 *Prunus yedoensis* Matsum.

옛 문헌 기록에 따르면 '벚나무'란 버찌가 열리는 나무라는 뜻인데 여기에 덧붙여 벚나무 중에서 가장 많은 꽃을 피운다 하여 '왕벚나무'라고 한다.

　나무는 높이 15m, 지름 50cm까지 자라며 줄기 껍질은 평활하며 회갈색 또는 암회색이다. 잎은 어긋나며 길이 6～12cm로서 타원상 계란 모양 또는 끝 쪽이 넓은 계란 모양이고 끝이 점차 뾰족해지고 밑은 둥글다. 꿀샘이라고 불리는 돌기가 잎 아래쪽에 한 쌍이 있다. 꽃은 백색 또는 홍색이며 잎보다 먼저 피고 향기가 약하다. 지름 3cm 정도의 꽃이 한군데에 3～6개가 모여 달려 사방으로 퍼진다. 꽃잎은 5개로 타원형 또는 넓은 타원형이다. 열매는 지름 7～8mm로서 둥글며 단단한 씨앗이 한 개씩 들어 있고 흑색으로 익는다.

　원산지는 한국, 일본이며 우리나라에서는 제주도에서 자생하고 전국에 심어 기른다.

**057** 앵도나무 *Prunus tomentosa* Thunb.

장미과
Rosaceae

앵도나무는 우리나라에서는 한자로 앵도나무 '앵(櫻)' 자를 써서 앵도(櫻桃)라고 쓰나 중국이름은 앵도(鶯桃), 즉 꾀꼬리처럼 아름다운 열매가 달린다는 뜻에서 붙여진 이름이다.

나무는 높이가 2~3m로 자라며 밑에서 줄기와 가지가 많이 갈라지며 줄기 껍질이 흑갈색이고 벗겨진다. 잎은 어긋나며 길이 5~7cm, 폭 3~4cm로서 끝 쪽이 넓은 계란 모양 또는 타원형이다. 잎끝이 갑자기 뾰족해지고 밑은 둥글다. 잎은 주름이 많고 표면에 잔털이 있으며 뒷면에 흰색의 부드러운 털이 밀생한다. 꽃은 지름 1.5~2cm로서 백색 또는 연홍색이고 잎보다 먼저 또는 같이 피며 1개 또는 2개씩 모여 달린다. 꽃잎은 5개이며 끝 쪽이 넓은 계란 모양이다. 열매는 공 모양으로 지름 0.5~1.2cm이며 겉에 잔털이 있고 단단한 씨앗이 한 개씩 들어 있으며 붉은 색으로 익는다.

원산지는 중국이며 우리나라에서는 전국에 심어 기른다.

# 산사나무 *Crataegus pinnatifida* Bunge

중국의 산사수(山査樹)에서 이름을 따서 산사나무라고 부르며 산(山)에서 자라는 아침(旦, 단) 해뜨는 모양의 나무(木), 즉 붉은 열매와 흰꽃을 붉은 태양이 떠서 환해지는 것에 비유한 것으로 풀이 된다. 지방에 따라 "아가위나무, 야광나무, 동베나무, 뚱꽝나무" 라고도 부른다.

　나무는 높이 6m까지 자라며 줄기는 대부분 회색을 띠고 어린 줄기에는 예리한 1～2cm 길이의 가시가 있다. 잎은 어긋나며 길이 5～10cm로서 넓은 계란 모양, 삼각상 계란 모양이며 끝은 뾰족해지고 밑은 가위로 평평하게 자른 모양 또는 좁은 각을 이룬다. 꽃은 잎이 나온 다음에 피고 지름 1.8cm로서 백색 또는 담홍색이며 여러 개가 모여서 덩어리를 이룬다. 꽃잎은 둥글며 꽃받침과 더불어 각 5개이다. 열매는 사과같은 모양으로 둥글고 지름 1.5cm로서 백색 반점이 있으며 빨갛게 혹은 노랗게 익는다.

　원산지는 한국, 중국, 일본, 시베리아이며 우리나라에서는 전국의 산기슭 및 인가 부근에서 자란다.

**059** 모과나무 *Chaenomeles sinensis* (Thouin) Koehne

장미과
**Rosaceae**

     '모과(木瓜)'라는 한자어는 잘 익은 노란 참외가 달린 나무라는 뜻으로 '나무참외'에서 유래되었다.

나무는 높이 10m, 지름 80cm까지 자라며 가시가 있으나 작은 가지에는 가시가 없고 줄기 껍질은 붉은갈색과 녹색 얼룩무늬가 있으며 비늘 모양으로 벗겨진다. 잎은 어긋나며 타원상 계란 모양 또는 긴 타원형이며 양끝이 좁고 가장자리에 바늘 모양의 잔톱니가 있다. 꽃은 연한 홍색으로 피며 지름 2.5~3cm로서 가지 끝에 1개씩 달리며 향기가 좋다. 꽃잎과 꽃받침은 각각 5개이다. 열매는 사과같은 모양이며 타원형 또는 거의 공 모양이며 지름 8~15cm로서 크고 나무처럼 단단하고 황색으로 익으며 향기가 좋다.

원산지는 중국, 일본이며 우리나라에서는 전국에 심어 기르는데 특히 전남, 전북, 경북, 충북, 경기도에서 많이 기른다.

**060** 명자나무 *Chaenomeles japonica* (Thunb.) Lindl. ex Spach

장미과
**Rosaceae**

명자나무 이름의 유래는 불분명하지만 옛날부터 기생꽃나무, 처녀꽃, 보춘화, 산당화, 아가씨나무 등 여러 가지 이름으로 불리고 있을 정도로 조상들로부터 많은 사랑을 받았던 나무이다.

　나무는 높이 1∼2m 가량 자라며 줄기 밑부분이 흔히 반 정도 눕고 대부분의 가지 끝이 가시로 변한다. 잎은 어긋나며 길이 2∼5cm, 폭 1∼3.5cm로서 끝 쪽이 넓은 계란 모양이며 끝이 둥글거나 둔하고 밑은 혀 모양으로 넓게 늘어진다. 꽃은 암수꽃이 한 그루에서 따로 피고 짧은 가지에 3∼5개가 모여 달리며 지름 2.5cm이고 주홍색, 흰색 등 다양한 색을 띤다. 꽃잎은 5개로 끝 쪽이 넓은 계란 모양 또는 원형이며 밑부분이 뾰족하다. 열매는 둥글고 지름 2∼3cm로서 황색으로 성숙하며 신맛이 강하고 모과처럼 단단하기도 하다.

　원산지는 중국, 일본이며 우리나라에서는 전 지역에서 심어 기른다.

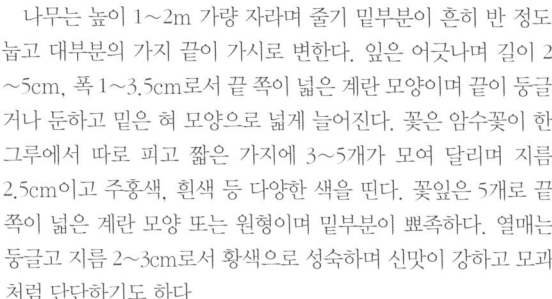

피라칸다 *Pyracantha angustifolia* (Franch.) C.K.Schneid.　장미과　**Rosaceae**

속명 pyracantha는 그리스어의 불이라는 뜻의 'pyr'와 가시라는 'acanthas'가 합해져서 생긴 말로 많은 열매가 붉게 가시 모양의 가지에 달려 있다는 데서 유래하였다.

　나무는 높이 1～2m 정도로 자라며 줄기가 밑에서 많이 갈라지며 예리한 가시가 있다. 잎은 어긋나며 짧은 가지에서는 모여 난다. 잎은 두꺼우며 길이 5～6cm, 폭 5～10mm로서 좁은 타원형이고 끝은 둔하고 밑은 혀 모양으로 넓게 늘어진다. 꽃은 지름 4～5mm로서 백색 또는 연한 황백색이며 가지 윗부분의 잎 달리는 자리에서 모여 달려 덩어리를 이룬다. 꽃잎은 5개로서 끝 쪽이 넓은 계란 모양이고 때로는 끝이 파진다. 열매는 편평한 공 모양이며 지름 5～6mm로 끝이 약간 들어가고 꽃받침이 남아 있으며 황붉은색으로 성숙한다.

　원산지는 중국이며 우리나라에서는 전북 및 경북 이남에서 상록성으로 생육하나 중부지방에서도 곳에 따라 자랄 수 있으며 이 경우에는 겨울에 잎이 떨어진다.

새하얗게 핀 꽃이 밤에 빛을 발하는 것 같다는 데서 유래한 이름이다.

나무는 높이 12m, 지름 50cm 정도로 자라고 줄기 껍질은 회갈색으로 불규칙하게 갈라진다. 잎은 어긋나며 길이 3~8cm로서 타원형 또는 계란 모양이고 끝이 점차 뾰족해지고 밑은 좁은 각을 이룬다. 잎 표면에 윤채가 있고 가장자리에 잔톱니가 있으며 잔털이 있으나 곧 없어진다. 꽃은 양성화로 작은 가지 끝에 모여 피고 지름 3.0~3.5cm로서 백색 또는 연한 홍색이다. 꽃잎은 5개로 타원형이다. 꽃받침에는 털이 없고 꽃받침통에 털이 있다. 열매는 사과 같은 모양으로서 둥글고 지름 8~12mm로서 황색 또는 홍색으로 익으며 열매의 끝에 꽃받침이 남지 않는다.

원산지는 한국, 중국, 일본이며 우리나라에서는 중부 이북의 산지에 자생한다.

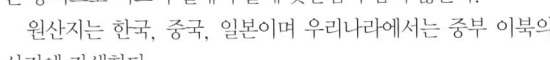

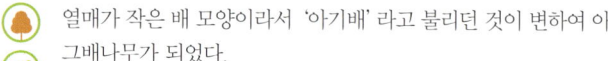

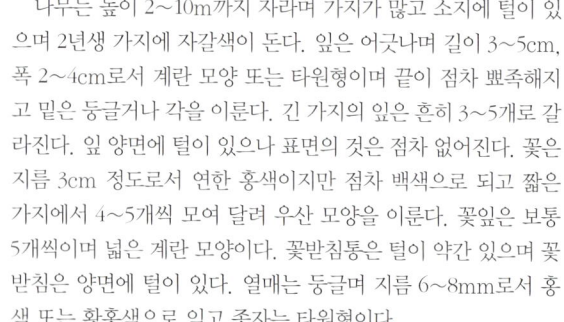

열매가 작은 배 모양이라서 '아기배'라고 불리던 것이 변하여 아그배나무가 되었다.

나무는 높이 2~10m까지 자라며 가지가 많고 소지에 털이 있으며 2년생 가지에 자갈색이 돈다. 잎은 어긋나며 길이 3~5cm, 폭 2~4cm로서 계란 모양 또는 타원형이며 끝이 점차 뾰족해지고 밑은 둥글거나 각을 이룬다. 긴 가지의 잎은 흔히 3~5개로 갈라진다. 잎 양면에 털이 있으나 표면의 것은 점차 없어진다. 꽃은 지름 3cm 정도로서 연한 홍색이지만 점차 백색으로 되고 짧은 가지에서 4~5개씩 모여 달려 우산 모양을 이룬다. 꽃잎은 보통 5개씩이며 넓은 계란 모양이다. 꽃받침통은 털이 약간 있으며 꽃받침은 양면에 털이 있다. 열매는 둥글며 지름 6~8mm로서 홍색 또는 황홍색으로 익고 종자는 타원형이다.

원산지는 한국, 일본이며 우리나라에서는 전 지역에서 자란다.

꽃사과나무 *Malus prunifolia* (Willd.) Borkh.

꽃사과라는 이름은 열매가 주목적이 아닌 원예용으로 가꾼 사과나무 종류의 총칭으로 사용된다. 흔히 심는 대표적인 것이 중국 원산의 *Malus prunifolia* (Willd.) Borkh. 로 알려져 있지만 품종 식별이 쉽지 않아 흔히 *Malus* spp. 즉 '사과나무 종류' 라고 표기한다.

나무는 높이 2~10m까지 자라며 가지가 많다. 잎은 어긋나며 길이 3~5cm, 폭 2~4cm로서 계란 모양 또는 타원형이며 끝이 점차 뾰족해지고 밑은 둥글거나 각을 이룬다. 꽃은 지름 3cm 정도로서 연한 홍색부터 백색까지 다양한 색으로 피고 짧은 가지에서 4~5개씩 모여 달려 우산 모양을 이룬다. 꽃잎은 보통 5개씩이지만 겹꽃인 경우도 많다. 열매는 둥글며 지름 6~8mm로서 홍색 또는 황홍색으로 익고 종자는 타원형이다. 아그배나무 또는 야광나무 등과 매우 혼동되는 나무이다.

원산지는 중국이며 우리나라에서는 전국에 심어 기른다.

**065** 팥배나무 *Sorbus alnifolia* (Siebold et Zucc.) K.Koch

장미과
**Rosaceae**

꽃이 배꽃처럼 하얗게 피지만 열매는 배처럼 크지 않고 작고 붉은 색으로 팥 모양인데서 유래한 이름이다. 강원도에서는 벌배, 산매자나무라고도 부르고, 전남에서는 물앵도나무, 황해도는 물방치나무로도 불린다.

나무는 높이 15m에 달하며 작은 가지에 피목이 뚜렷하고 줄기 껍질은 회갈색이다. 잎은 어긋나며 길이 5~10cm, 폭 3.5~7.0cm로서 계란 모양 또는 타원상 계란 모양이며 넓은 끝이 점차 뾰족해지고 밑은 둥글다. 꽃은 지름 1cm로서 백색이며 6~10개가 작은 가지 끝에 모여서 덩어리를 이룬다. 꽃받침과 꽃잎은 각 5개이다. 열매는 사과같은 모양의 타원형이며 반점이 뚜렷하고 지름 1cm로서 황붉은색으로 익는다.

원산지는 한국, 중국, 일본이며 우리나라에서는 전 지역에서 자란다.

**066** 자귀나무 *Albizia julibrissin* Durazz.

미모사과
**Mimosaceae**

작은 잎들이 밤이면 서로 합쳐지는 수면운동을 하는데 이렇게 잎을 모은 모습이 귀신이 자는 모습처럼 보인다 하여 붙여진 이름이다.

나무는 높이 3~8m, 지름 40cm까지 자라며 줄기가 굽거나 사선으로 자라며 큰 가지가 드문드문 나와 퍼진다. 잎은 어긋나며 깃털 모양 겹잎이 두 번 겹쳐진 모양으로 전체 길이가 6~15cm 정도이다. 작은 잎은 길이 6~15mm, 넓이 2.5~4mm로서 낫 모양으로 원줄기를 향해 굽으며 좌우가 같지 않은 긴 타원형이다. 작은 가지 끝에 길이 5cm 정도의 꽃자루가 자라고 그 끝에 15~20개의 연분홍색의 꽃이 우산형으로 달린다. 꽃잎은 없고 수술이 분홍색을 띠며 길게 자라 공작처럼 화사한 아름다움을 준다. 열매는 길이 15cm 정도의 납작한 콩깍지 모양으로 익는다.

원산지는 한국, 중국, 일본이며 우리나라에서는 중부 이남, 남해안, 제주도에 자생한다.

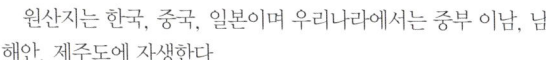

71

## 박태기나무 *Cercis chinensis* Bunge

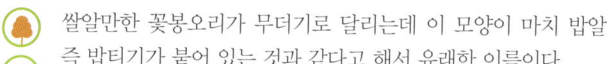

쌀알만한 꽃봉오리가 무더기로 달리는데 이 모양이 마치 밥알, 즉 밥티기가 붙어 있는 것과 같다고 해서 유래한 이름이다.

나무는 크기가 3~5m 정도 자라며 밑에서 몇 개의 줄기가 올라와 포기를 형성하고 줄기 껍질은 회갈색이다. 잎은 한 개씩 어긋나게 달리며 두껍고 지름 6~11cm 정도로 심장 모양이 된다. 잎 표면은 윤채가 있으며 털이 없고 밑에서 잎맥이 5개로 갈라지며 뒷면은 황록색이다. 꽃은 길이 1.2~1.8cm로서 꽃잎을 펼치면 나비 모양이 된다. 꽃이 20~30개씩 모여 달려 우산 모양을 이루며 자홍색으로 잎보다 먼저 피는데 나무 전체가 꽃방망이처럼 장관을 이룬다. 열매는 편평한 콩깍지 모양으로 꼬투리 길이가 7~12cm이고 긴 타원형이다.

원산지는 중국이며 우리나라에서는 중부 이남의 지역에서 심어 기른다.

실거리나무 *Caesalpinia decapetala* (Roth) Alston 실거리나무과<br>Caesalpiniaceae

가시가 날카로운 갈고리처럼 휘어 있어 실이 잘 걸리는 나무란 뜻으로 이름이 붙여졌다.

　나무는 길이 6~7m로 줄기와 가지는 길게 자라 반 덩굴성 모양으로 자라며 꼬부라진 예리한 가시가 전체에 흩어져 난다. 잎은 깃털 모양 겹잎이 두 번 겹쳐서 어긋나며 작은 잎은 길이 1~2cm로서 긴 타원형이며 끝과 밑이 모두 둥글고 5~10쌍을 이룬다. 꽃은 황색이며 좌우 대칭 모양이고 여러 개가 가지 끝에 길게 모여 달린다. 꽃받침잎과 꽃잎은 각각 5개, 수술은 10개이다. 열매는 콩깍지 모양으로 길이 7~9cm, 폭이 2.7cm 정도로서 긴 타원형이고 딱딱하다. 잘 벌어지지 않는 열매 속에 끝 쪽이 넓은 계란 모양 종자가 6~8개가 들어 있다.

　원산지는 한국, 중국, 일본, 인도이며 우리나라에서는 전북 어청도와 충남 외연도 이남의 섬과 해변의 계곡과 산록에서 자라고, 제주도에서는 표고 700m까지 분포한다.

회화나무 *Sophora japonica* L.

중국 한자에서 회화나무의 꽃을 괴화(槐花)라고 하는데 괴(槐)의 중국식 발음이 '회'이므로 회화나무로 부르게 된 것이라고 한다.

나무는 높이가 10~30m, 지름 1~2m에 이르는 거목으로 자라며 줄기는 바로 서서 굵은 가지를 내고 큰 수관을 만들며, 줄기 껍질은 회암갈색이고 세로로 갈라진다. 잎은 깃털 모양 겹잎으로 어긋난다. 작은 잎은 길이 2~6cm, 넓이 1.5~2.5cm로 4~5쌍 때로는 7쌍이며 계란 모양 또는 끝 쪽이 넓은 계란 모양, 원형을 보이고 끝이 뾰족하다. 잎의 가장자리는 매끈하고 앞면은 짙은 녹색이고 털이 없으며 뒷면은 녹백색으로 짧은 흰털이 있다. 꽃은 밝은 황백색이며 새가지의 끝에 모여 달려 길이 20~30cm의 원뿔 모양 덩어리를 이룬다. 열매는 콩깍지 모양이며 길이 5~8mm로서 중간이 잘록잘록하여 염주 모양으로 특이하다.

원산지는 중국이며 우리나라에서는 전국에 심어 기른다.

비슷한 모양을 가진 식물 중에 '고삼'이라는 초본 식물이 있는데 이것을 지방에 따라서는 '너삼' 또는 '느삼'이라고 부르며 여기에 '개'를 붙여 그와 비슷하다는 의미로 부르게 되었다. 나무이름에 '개'자가 붙은 경우에는 흔히 그 나무와 비슷하나 무엇인가 좀 뒤떨어진다는 의미가 들어 있다. 그렇지만 개느삼의 경우에는 오히려 '느삼'에 비해 꽃이 아름다워 뒤떨어진다는 의미보다는 비슷하다는 뜻으로 풀이하는 것이 좋겠다.

나무는 높이 1m 내외로 줄기는 곧게 서서 자란다. 잎은 깃털 모양 겹잎이 어긋나며 길이 4~6cm이다. 작은 잎은 13~27개이고 타원형이며 끝은 약간 오목하고 밑은 둥글다. 꽃은 새로 난 가지끝에서 5~6개의 꽃이 나와 길게 달리고 황색으로 핀다. 열매는 콩깍지 모양으로 길이 7cm로서 겉에 돌기가 많다.

원산지는 한국이며 강원도 양구 일대에서만 자생하는 우리나라 특산식물이다.

다릅나무 이름의 유래는 불분명한데 한 가지 설로는 이 나무의 줄기를 자른 면의 중심부와 가장자리의 색이 아주 달라 '다릅나무' 로 부르던 것에서 유래하였다는 얘기가 있다.

나무는 높이 15m, 지름 1.5m 정도까지 자라며 굵은 가지가 사방으로 퍼진다. 줄기 껍질은 흙갈색 또는 황갈색으로 두껍고 평활하다. 잎은 작은 잎 9∼11개가 모여 깃털 모양 겹잎을 이루고 이 겹잎이 어긋난다. 작은 잎은 길이 5∼8cm로서 타원형 또는 긴 계란 모양이며 짧은 끝이 점차 뾰족해지고 밑은 둥글다. 꽃은 지름 8mm로서 백색이고 여러 개가 가지 끝에 모여 달려 길거나 원뿔 모양의 덩어리를 이룬다. 열매는 콩깍지 모양으로 길이 3.5∼5cm, 너비 7∼9mm 정도이며 그 안에 콩팥 모양의 씨앗이 들어 있다.

원산지는 한국, 중국, 일본 등이며 우리나라에서는 전국의 산지에 자생한다.

싸리는 예부터 사용된 고유어로서 'ᄡ.리 > ᄡ.ㄹ리 > ᄊ.리 > 싸리'로 변천되었으나 그 의미는 무엇인지 불분명하다. 또 '조록'과 관련해서 '조록나무'라는 것이 있는데 원래는 '조롱나무'에서 발음이 변한 것으로 잎에 벌레혹이 많이 붙는 데서 붙여진 이름으로 알려져 있다. 그러나 조록싸리의 '조록'의 의미는 불분명하고 다만 열매가 '조롱조롱' 달린다는 뜻으로 추측한다.

나무는 높이 2~3m 정도로 자라고 줄기 껍질은 갈색이고 세로로 갈라진다. 잎은 길이 3~6cm 정도의 작은 잎이 3개씩 모여서 겹잎을 이룬다. 작은 잎은 계란 모양 타원형이고 끝이 뾰족하고 밑은 좁은 각을 이루거나 둥글다. 꽃은 길이 8~12mm로서 홍자색이며 가지 끝이나 잎 달리는 자리에서 모여 달려 긴 꽃덩어리를 이룬다. 열매는 작은 콩깍지 모양으로 길이 10~15mm로서 끝이 뾰족하고 종자는 콩팥 모양이다.

원산지는 한국과 일본으로 우리나라에서는 전국의 산기슭에 자생한다.

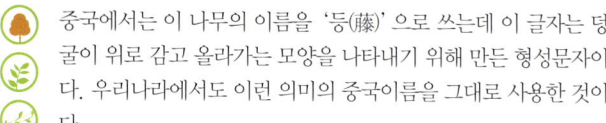

중국에서는 이 나무의 이름을 '등(藤)'으로 쓰는데 이 글자는 덩굴이 위로 감고 올라가는 모양을 나타내기 위해 만든 형성문자이다. 우리나라에서도 이런 의미의 중국이름을 그대로 사용한 것이다.

나무는 줄기와 가지가 모두 덩굴이 되어 길게 뻗어 10m 이상으로 자란다. 잎은 작은 잎 13～19개가 모여 깃털 모양 겹잎을 이루고 이 겹잎들이 어긋난다. 작은 잎은 길이 4～8cm로서 계란 모양 타원형 또는 계란 모양 장타원형이며 끝이 점차 뾰족해지고 밑은 둥글다. 꽃은 잎과 같이 피는데 지름 2cm로서 연한 자주색이다. 많은 꽃이 그 해에 자란 가지 끝에 모여서 길이 30～40cm 크기의 긴 꽃 덩어리를 이루어 늘어진다. 열매는 콩깍지 모양으로 길이 10～15cm이고 넓적하며 아주 단단하다. 열매 안에는 지름이 11～14mm로 바둑알 크기의 종자가 들어 있다.

원산지는 한국, 일본이며 우리나라에서는 전국에 심어 기른다.

# 074 초피나무 *Zanthoxylum piperitum* (L.) DC.

초피나무란 이름의 유래는 불분명하며 지방에 따라서 제피(경상도), 젠피(전라도), 조피(북한), 지피, 남추, 진초 등으로 다양하게 부른다. 초피나무의 열매는 추어탕을 먹거나 회를 먹을 때 향신료로 사용한다.

　나무는 높이 3m에 달하며 턱잎이 변한 가시가 마주난다. 잎은 작은 잎 9~10개가 모여 깃털 모양 겹잎을 이루며 이 겹잎들이 어긋난다. 작은 잎은 길이 1~3.5cm로서 계란 모양, 긴 계란 모양 또는 계란 모양 타원형이며 끝이 약간 오목하고 밑은 좁은 각을 이룬다. 꽃은 암수꽃이 서로 다른 그루에 달리며 꽃잎이 없고 여러 개가 모여서 덩어리를 이룬다. 열매는 공 모양의 꼬투리로 적갈색으로 익으며 안에 검은색 종자가 들어 있다.

　원산지는 한국, 중국, 일본으로 우리나라에서는 남부지방 산야의 양지바른 곳에서 자생한다.

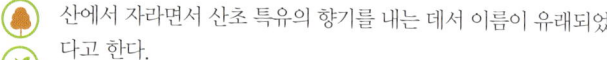

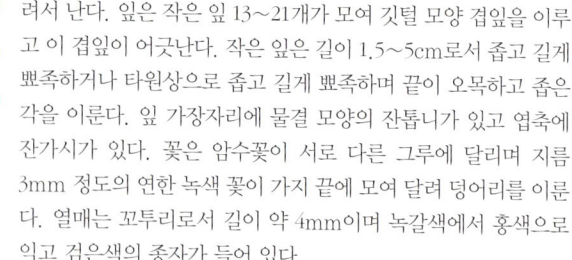 산에서 자라면서 산초 특유의 향기를 내는 데서 이름이 유래되었다고 한다.

나무는 높이 3m 정도까지 자라며 줄기와 가지에 가시가 엇갈려서 난다. 잎은 작은 잎 13~21개가 모여 깃털 모양 겹잎을 이루고 이 겹잎이 어긋난다. 작은 잎은 길이 1.5~5cm로서 좁고 길게 뾰족하거나 타원상으로 좁고 길게 뾰족하며 끝이 오목하고 좁은 각을 이룬다. 잎 가장자리에 물결 모양의 잔톱니가 있고 엽축에 잔가시가 있다. 꽃은 암수꽃이 서로 다른 그루에 달리며 지름 3mm 정도의 연한 녹색 꽃이 가지 끝에 모여 달려 덩어리를 이룬다. 열매는 꼬투리로서 길이 약 4mm이며 녹갈색에서 홍색으로 익고 검은색의 종자가 들어 있다.

원산지는 한국, 중국, 일본으로 우리나라에서는 전국 산야의 양지바른 곳에 자생한다.

# 076 탱자나무 *Poncirus trifoliata* Raf.

탱자는 예부터 사용된 고유어로서 '텅즈 > 탱자'로 변천되었으며 가시가 있는 나무라는 의미로 알려져 있다.

나무는 높이가 3~5m 정도 자라고 가지는 편평하며 녹색이고 길이 3~5cm 정도의 굳센 가시가 어긋난다. 잎은 작은 잎 3개가 모여서 겹잎을 이루고 이 겹잎이 어긋나며 겹잎의 잎자루에 날개가 약간 있다. 작은 잎은 길이 3~6cm로서 두껍고 끝 쪽이 넓은 계란 모양 또는 타원형으로 끝이 둔하거나 약간 오목하게 들어가며 밑은 좁은 각을 이룬다. 꽃은 지름 3.5~5cm로서 가지 끝이나 잎 달리는 자리에 1개 또는 2개씩 달린다. 꽃잎은 5개이며 백색으로 핀다. 열매는 물기가 많고 지름 3cm로서 둥글며 황색으로 익는다. 열매가 귤처럼 향기가 좋으나 먹을 수 없다.

원산지는 중국 중부지방이며 우리나라에서는 남부지방에서 생울타리로 많이 심어 기른다.

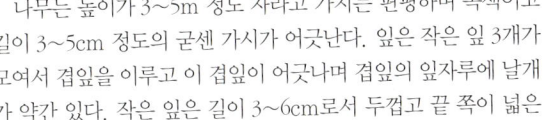

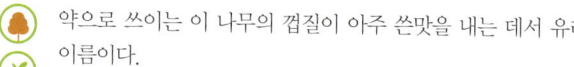

약으로 쓰이는 이 나무의 껍질이 아주 쓴맛을 내는 데서 유래된 이름이다.

나무는 높이가 10~12m, 지름 20cm까지 자라며 가지가 층을 형성하여 수평으로 퍼지고 줄기 껍질은 적갈색이고 오랫동안 갈라지지 않는다. 잎은 작은 잎 9~15개가 모여 깃털 모양 겹잎을 이룬다. 작은 잎은 길이 4~10cm, 폭 1.5~3cm로서 계란 모양 또는 긴 계란 모양이며 끝이 점차 뾰족해지고 밑은 둥글거나 좁은 각을 이룬다. 꽃은 암수꽃이 서로 다른 그루에 달리며 새 가지의 잎 달리는 자리에서 여러 개가 모여 달려 지름 8~15cm의 덩어리를 이룬다. 지름 4~7mm 정도의 꽃은 녹색이 돌고 4~5개의 꽃잎과 수술이 있다. 열매는 계란처럼 길어지는 공 모양으로 붉은색으로 익고 단단한 씨앗이 한 개씩 들어 있다.

원산지는 한국, 중국, 일본, 인도 등이며 우리나라에서는 전국의 산기슭에 자란다.

**078** 굴거리나무 *Daphniphyllum macropodum* Miq.

굴거리나무란 이름은 굿거리나무에서 유래되었다는 기록이 있는데 어떤 방식으로 굿거리에 이용되었는지 확실한 근거가 없어 신빙성은 낮다.

나무는 높이 10m, 지름 30cm에 달하고 작은 가지는 굵으며 녹색이지만 어린 것은 붉은빛이 돈다. 잎은 가지끝에 모여 어긋나며 길이 12~20cm 정도로서 긴 타원형이고 끝이 점차 뾰족해지고 밑은 좁은 각을 이룬다. 꽃은 암수꽃이 한그루에서 따로 달리며 잎 달리는 자리에서 여러 개가 모여 달려 길이 2.5cm 정도의 덩어리를 이룬다. 수꽃은 8~10개의 수술이 있으며 암꽃은 약간 둥근 씨방에 2개의 암술대가 있다. 암수꽃이 모두 꽃잎과 꽃받침이 없다. 열매는 지름 1cm로 긴 타원형이며 단단한 씨앗이 한 개씩 들어 있고 암벽색으로 익는다.

원산지는 한국, 중국, 일본으로 우리나라에서는 남부지방의 산속 나무그늘 아래에 자란다.

한자식 이름 낙상홍(落霜紅)을 그대로 옮긴 것으로 늦여름부터 가을에 걸쳐 빨갛게(紅) 익은 열매가 서리(霜)가 내릴 때(落)까지 붙어 있어 유래된 이름이다.

나무는 높이 5m에 달하나 보통 2~3m까지 자라며 아래에서 여러 개의 줄기와 가지가 갈라진다. 잎은 어긋나고 긴 타원형 또는 계란 모양 타원형으로 길이 4~8cm, 넓이 3~4cm이며 가죽처럼 두껍다. 잎끝은 뾰족하고 가장자리에 예리한 톱니가 있으며 잎의 양면에 짧은 털이 있으며 뒷면에 맥이 뚜렷하게 돌출한다. 꽃은 암수꽃이 서로 다른 그루에 달리며 새로 자란 가지에 지름 3~4mm의 연분홍색 작은 꽃이 우산 모양으로 모여 핀다. 열매는 지름 5mm의 작은 구슬 모양이고 홍색으로 익으며 백색의 종자가 한 열매에 6~8개씩 들어 있다.

원산지는 일본으로 우리나라에서는 전국에 심어 기른다.

**080** 먼나무 *Ilex rotunda* Thunb.

이름에 대한 유래는 몇 가지가 전해진다. 첫째는 잎자루의 길이가 길어 잎이 멀리 붙었다고 하여 먼나무, 둘째는 겨울 내내 빨간 열매를 온통 매달고 있는 먼나무의 진정한 매력이 멀리서 보아야만 드러난다고 하여 먼나무라 칭했다고도 한다.

나무는 높이가 10m에 달하고 줄기 껍질은 녹갈색, 가지는 암갈색이다. 잎은 가죽처럼 두껍고 어긋난다. 길이 4~11cm, 너비 3~4cm로서 타원형 또는 긴 타원형이고 끝이 뾰족하며 밑은 좁은 각을 이룬다. 꽃은 암수꽃이 서로 다른 그루에 달리며 여러 개가 새 가지의 잎 달리는 자리에 모여 덩어리를 이룬다. 지름 4mm 정도의 꽃은 꽃받침잎과 꽃잎이 각 4~5개이며 연한 자주색으로 핀다. 단단한 씨앗이 한 개씩 들어 있는 열매는 지름 5~8mm로서 둥글며 붉은색으로 익고 겨울 동안에도 달려 있다.

원산지는 한국, 중국, 일본이며 우리나라에서는 제주도와 보길도에서 자생한다.

# 081 | 사철나무 *Euonymus japonicus* Thunb.

이름은 사계절 내내 조금씩 잎을 갈아가기 때문에 사철 푸르게 보이는 데서 유래하였다.

나무는 높이가 3m에 달하고 줄기 껍질은 회흑색이며 많은 가지가 나고 새로 난 가지는 녹색이다. 잎은 마주나며 가죽처럼 두껍다. 길이 3~7cm, 폭은 3~4cm로서 끝 쪽이 넓은 계란 모양 또는 좁은 타원형이며 끝이 뾰족하거나 둔하고 밑은 좁은 각을 이룬다. 꽃은 양성으로서 지름 7mm 정도로 연한 황록색이며 5~12송이가 잎 달리는 자리에 모여 달려 덩어리를 이룬다. 열매는 둥글고 지름 8~9mm로서 붉은색으로 익으며 3~4개로 갈라져서 황붉은색 껍질로 싸인 종자가 나온다. 열매는 겨울 동안에도 빨갛게 달려 있다.

원산지는 한국, 중국, 일본, 몽고, 시베리아, 유럽 등이며 우리나라에서는 중부 이남의 해변에 자생하고 전국에 심어 기른다.

# 082 노박덩굴 *Celastrus orbiculatus* Thunb.

덩굴성으로 줄기가 길 위까지 뻗쳐나와 길[路]을 가로막는다는 뜻, 즉 '노박폐(路泊廢)덩굴>노박덩굴' 로 유래하였다.

나무는 덩굴로 자라 길이가 10m 가량 뻗으며 줄기는 갈색 또는 회갈색이다. 잎은 길이 5~10cm, 너비 3~8cm로서 타원형이며 짧은 끝이 갑자기 뾰족해지고 밑은 둥글다. 잎 가장자리에 둔한 톱니가 있고 앞뒷면에 털이 없이 매끈하다. 꽃은 암수꽃이 서로 다른 그루에 달리거나 한그루에서 나기도 하며 양성화가 피기도 한다. 꽃받침잎과 꽃잎은 각각 5개로 황록색이고 여러 개의 꽃이 모여 달려 덩어리를 이룬다. 열매는 지름 8mm 정도의 공모양이고 황색으로 성숙하며 3개로 갈라져 껍질이 붉은 종자가 나온다.

원산지는 한국, 중국, 일본이며 우리나라에서는 전국의 산기슭에 자생한다.

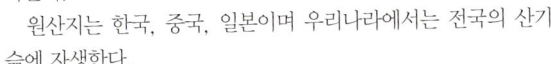

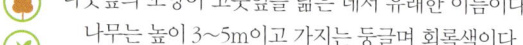
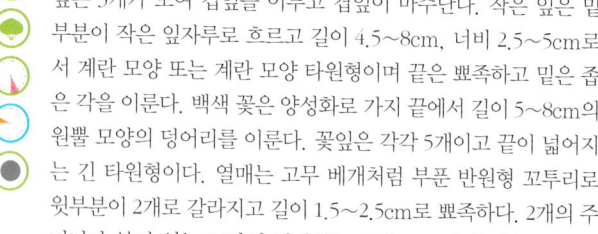

나뭇잎의 모양이 고춧잎을 닮은 데서 유래한 이름이다.

나무는 높이 3~5m이고 가지는 둥글며 회록색이다. 잎은 작은 잎은 3개가 모여 겹잎을 이루고 겹잎이 마주난다. 작은 잎은 밑부분이 작은 잎자루로 흐르고 길이 4.5~8cm, 너비 2.5~5cm로서 계란 모양 또는 계란 모양 타원형이며 끝은 뾰족하고 밑은 좁은 각을 이룬다. 백색 꽃은 양성화로 가지 끝에서 길이 5~8cm의 원뿔 모양의 덩어리를 이룬다. 꽃잎은 각각 5개이고 끝이 넓어지는 긴 타원형이다. 열매는 고무 베개처럼 부푼 반원형 꼬투리로 윗부분이 2개로 갈라지고 길이 1.5~2.5cm로 뾰족하다. 2개의 주머니가 붙어 있는 모양의 열매에는 각각 1~2개의 넓은 계란 모양 종자가 들어 있다.

원산지는 한국, 중국, 일본이며 우리나라에서는 전국의 산지 계곡 및 산기슭에 자생한다.

**084** 신나무 *Acer tataricum* subsp. *ginnala* (Maxim.) Wesm.

단풍나무과
**Aceraceae**

'신나무'란 이름은 한자 이름 신(楓)에 나모(木)가 붙어 '싣나모'가 된 후 '싯나모>신나모>신나무'로 변하게 되었다고 한다.

나무는 높이 8~10m 정도로 자라며 가지는 회갈색이거나 홍갈색이다. 잎은 마주나며 길이 4~8cm, 폭 3~6cm로서 3개로 갈라지며 계란 모양의 타원형이고 끝이 꼬리처럼 길게 뾰족해지고 밑은 둥글거나 약간 심장 모양이다. 3개로 갈라진 잎 조각 중에 가운데 것이 다른 것에 비해 길어진다. 꽃은 수꽃과 양성화가 가지끝에 모여 달려 덩어리를 이루며 향기가 난다. 수꽃은 지름이 4.5mm로 꽃잎과 꽃받침잎이 각각 5개씩이고 8개의 수술이 있으며 양성화는 5개씩의 꽃받침잎과 꽃잎 및 8~9개의 수술이 있으며 암술은 1개이다. 열매는 날개가 있고 2개씩 V자 모양으로 쌍을 이룬다.

원산지는 한국, 중국, 일본이며 우리나라에서는 전국의 계곡과 산기슭에 자란다.

# 단풍나무 *Acer palmatum* Thunb.

단풍나무과
**Aceraceae**

가을에 붉게 물들기 때문[丹楓]에 '단풍나무' 라는 이름을 얻게
되었다.

나무는 높이 15m, 지름 80cm까지도 자라며 작은 가지는 적갈
색이다. 잎은 마주나며 길이 5~6cm로서 원형에 가깝지만 5~7
개로 갈라지며 갈라진 조각은 좁고 길게 뾰족해지고 잎의 밑쪽이
심장 모양이다. 꽃은 수꽃과 암꽃 또는 양성화가 잎 달리는 자리
에 모여 달려 덩어리를 이룬다. 암꽃은 꽃잎이 없거나 2~5개의
흔적이 있지만 수꽃은 없고 수술은 8개이며 꽃받침잎은 5개이다.
열매는 길이 1.5cm 정도로서 날개가 있고 2개씩 넓은 V자 모양
으로 쌍을 이룬다.

원산지는 한국, 중국, 일본이며 우리나라에서는 전라도, 제주
도와 대둔산, 백양산의 계곡과 산기슭에 자생한다. 단풍나무의
다양한 품종을 전국에 심어 기르기도 한다.

복자기나무는 복장나무와 매우 비슷한데 '복장이나무' 가 복자기나무로 된 것으로 보는 견해가 있다. '복장나무' 는 점치는 일을 뜻하는 복정(卜定)과 점쟁이를 뜻하는 복자(卜者)와 관련이 있는 나무로 추정한다고 한다.

　나무는 높이 20m 내외로 자라고 줄기 껍질은 암수 모두 회백색이고 가지에 붉은빛이 돈다. 잎은 작은 잎 3개가 모여 겹잎을 이루고 이 겹잎이 마주난다. 작은 잎은 길이 7~11cm, 너비 5cm로서 긴 타원상 계란 모양이며 끝이 점차 뾰족해지고 밑은 좁은 각을 이룬다. 잎 가장자리에 2~4개의 큰 톱니가 있어 잔톱니가 많은 복장나무와 구별된다. 꽃은 수꽃과 양성화가 가지끝에 3개 정도 모여 달린다. 열매는 길이 5cm, 너비 1.5cm 정도로서 날개가 있고 2개씩 넓은 V자 모양으로 쌍을 이루며 가시같은 털이 빽빽하게 있다.

　원산지는 한국, 중국이며 우리나라에서는 중부 이북에 주로 사생하며 전라북도, 경상북도 등지에서는 높은 곳에 분포한다.

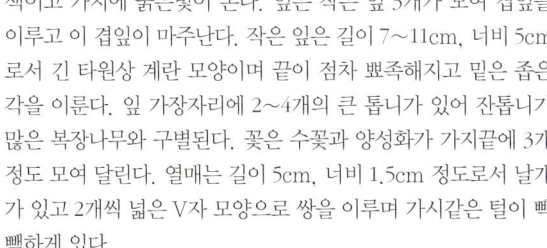

중국단풍 *Acer buergerianum* Miq.

**단풍나무과**
**Aceraceae**

가을에 붉게 물드는 '단풍나무' 라는 이름에 원산지의 명칭을 붙여서 만든 이름이다. 이 나무를 시중에서 '당단풍' 이라고도 부르기도 하는데, 우리나라에 자생하는 당단풍이 따로 있기 때문에 이렇게 부르는 것은 좋지 않다.

나무는 높이 15m 정도까지 자라며 줄기 껍질은 갈색으로 벗겨진다. 잎은 마주나며 길이 6~10cm로서 끝은 둔하거나 둥글며 밑에서 3맥이 발달하고 3개로 얕게 갈라진다. 3개로 갈라진 잎 조각은 길이가 서로 비슷하며 삼각형이고 끝이 뾰족하며 가장자리가 밋밋하다. 꽃은 가지끝에 여러 개가 모여 지름 3cm의 꽃 덩이를 이루며 꽃잎은 5개로 연한 황색이고 길이 2mm 좁고 길게 뾰족하다. 열매는 길이 2~2.5cm, 폭 8~10mm로서 날개가 달리고 2개씩 V자 모양으로 쌍을 이루며 황갈색으로 익는다.

원산지는 중국이며 우리나라에서는 중부, 남부, 남해안 지역에서 심어 기른다.

**088** 칠엽수 *Aesculus turbinata* Blume

칠엽수과
Hippocastanaceae

한 잎자루에 7개의 잎이 손바닥 모양으로 달렸다고 '칠엽수' 라
고 한다. 그렇지만 항상 7장이 있는 것은 아니고 오엽, 육엽, 팔엽
이 되기도 한다.

　나무는 높이 20∼30m, 지름 60cm 정도로 자라고 굵은 가지가
여러 개 나와 둥근 수형을 만들기도 한다. 줄기 껍질은 회갈색으
로 1년생 가지는 적갈색이며 겨울눈은 갈색으로 끈적거린다. 잎
은 작은 잎 5∼7개가 모여 손바닥 모양의 겹잎을 이루며 마주난
다. 각각의 작은 잎은 끝 쪽이 넓은 긴 타원형 모양이며 중앙부의
것이 가장 커서 길이 20∼35cm 정도이다. 원뿔 모양의 꽃 덩어리
는 가지 끝에 달리고 길이 15∼25cm, 지름 6∼10cm 정도로 크다.
꽃은 수꽃과 양성화가 한그루에 분홍색을 띤 백색으로 핀다. 열
매는 지름 5cm 정도로서 뒤집어 놓은 원뿔 모양이고 황갈색이며
밤 모양과 비슷한 종자 1개가 들어 있다.

　원산지는 일본으로 우리나라에서는 경기도 이남 지역에서 심
어 기른다.

93

'담'에 어떤 물건을 차곡차곡 가리거나 쌓아 올린다는 의미의 '쟁이(쟁이다→재이다)'가 붙어 만들어졌다. 즉, 줄기가 돌담에 뻗어 올라가며, 잎이 차곡차곡 쌓아올리듯이 붙는 성질에서 유래한 이름이다.

나무는 줄기가 길이 10m 이상 뻗고 덩굴손은 잎과 어긋나며 갈라져서 끝에 둥근 빨판이 생겨 담벽이나 암벽에 잘 부착한다. 잎은 어긋나며 너비 10~20cm 정도의 손바닥 모양으로 끝이 2~3개로 갈라지거나 때로는 완전히 3개의 작은 잎으로 나눠지는 겹잎이 된다. 잎 끝이 점차 뾰족해지고 밑은 심장 모양이며 가을철에 붉게 단풍이 든다. 여러 개의 황록색 꽃이 잎 달리는 자리나 가지끝에 모여 달려 덩어리를 이룬다. 열매는 지름 6~8mm 정도의 포도알 같은 모양이고 백분으로 덮여 있으며 흑색으로 익는다.

원산지는 한국, 중국, 일본으로 우리나라에서는 전국에 자생한다.

**090** 무궁화 *Hibiscus syriacus* L.

오랫동안 무진장하게 꽃을 피운다 하여 유래한 이름이다. 실제로 무궁화는 한 송이의 꽃이 하루만 피어 있지만 연달아서 새로운 꽃송이가 피어나기 때문에 꽃이 피어 있는 기간이 아주 길다.

　나무는 높이 3∼4m 정도 자라며 줄기 껍질은 회색이고 섬유질이 발달하여 질기며 잘 꺾이지 않는 특색이 있다. 잎은 어긋나며 길이 4∼8cm, 너비 2∼5cm로서 계란 모양이다. 잎 밑부분에 3개의 큰 맥이 있고 다소 3개로 갈라져서 끝이 뾰족하게 되며 밑은 둥글거나 좁은 각을 이룬다. 꽃은 1개씩 달리고 지름 6∼10cm로서 보통 꽃잎이 5장이며 분홍색 내부에 짙은 홍색이 도는 것이 흔하나 개량된 것에는 겹꽃도 있고 순백색, 분홍 등으로 색깔도 다양하다. 열매는 긴 타원형 꼬투리로서 끝은 둔하고 익으면 5개로 갈라지며 종자는 편평하며 긴 털이 있다.

　원산지는 중국, 인도 등지이며 우리나라에서는 전국에 심어 기른다.

**091** 다래 *Actinidia arguta* (Siebold et Zucc.) Planch. ex Miq.

다래나무과
**Actinidiaceae**

맛이 달다는 의미로 '달'에 접미사 '애'가 붙은 이름으로 '달애>다래'로 변하게 되었다. 즉, 열매가 달다는 뜻에서 유래한 이름이다.

나무는 덩굴성으로 길이 20m, 지름 15cm에 달하고 줄기와 가지가 갈색이며 자르면 속이 갈색 계단 모양이다. 잎은 어긋나며 길이 6~12cm, 너비 3.5~7cm로서 넓은 계란 모양, 넓은 타원형 또는 타원형이고 끝이 점차 뾰족해지고 밑은 둥글거나 심장 모양이다. 잎 뒷면의 맥이 갈라지는 곳에 갈색이 도는 털이 있다. 꽃은 암수꽃이 서로 다른 그루에서 여러 개씩 모여 달리며 지름 2cm 정도이고 백색으로 핀다. 열매는 물기가 많고 작은 씨앗이 많이 들어 있으며 길이 2.5cm 정도로서 계란 모양을 닮은 공 모양이며 황록색으로 익고 맛이 좋다.

원산지는 한국, 중국, 일본이며 우리나라에서는 전국의 산야에 사생한다.

노각나무 *Stewartia pseudocamellia* Maxim.

녹각(鹿角, 사슴의 뿔)처럼 보드랍고 황금빛의 아름다운 줄기 껍질을 가진 나무라는 뜻에서 유래한 이름이다.

나무는 높이 7~15m이고 줄기 껍질이 벗겨져 흑황색의 얼룩무늬를 나타낸다. 잎은 길이 4~10cm, 너비 2~5cm로서 타원형 또는 넓은 타원형이고 어긋나며 끝이 뾰족하고 밑은 둥글거나 좁은 각을 이룬다. 잎 뒷면에 잔털이 있으며 가장자리에는 작은 이빨모양 톱니가 있다. 꽃은 양성으로서 새가지 아래쪽의 잎 달리는 자리에 달린다. 꽃잎은 5~6개이며 길이 2.5~3.5cm로서 끝쪽이 넓은 계란 모양이고 백색이다. 꽃잎의 가장자리가 약간 물결 모양으로 된다. 열매는 길이 2~2.2cm 정도의 5각형 꼬투리이며 암술대가 남아 있고 황붉은색으로 익는다.

한국 특산으로 지리산, 소백산, 평안도 일부와 속리산, 가야산 이남과 밀양 표충산에서 자생하며, 전국에서 관상용으로 심어 기르기도 한다.

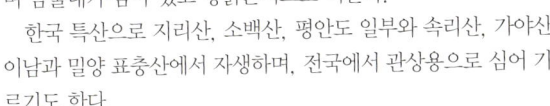

# 차나무 *Camellia sinensis* L.

중국이름 다(茶)에서 왔으며 발음이 '디아(dia)>다(da)>다>차'로 변하게 되었다고 한다.

나무는 높이 4~8m까지 자라며 가지가 많이 갈라진다. 잎은 어긋나며 길이 2~15cm, 너비 2~5cm로서 긴 타원형이며 끝은 둔하고 밑은 좁은 각을 이룬다. 잎 가장자리에 약간 안쪽으로 굽는 톱니가 있으며 두껍고 광택이 있다. 꽃은 양성으로 지름이 3~5cm로서 백색이며 향기가 있고 1~3개가 잎 달리는 자리나 가지끝에 달린다. 꽃잎은 6~8개이고 끝 쪽이 넓은 계란 모양이며 끝이 둥글고 길이 1~2cm로서 젖혀진다. 열매는 나무처럼 단단하고 납작한 공 모양이며 지름 2cm로서 3~4개의 둔한 능각이 있고 다갈색으로 익는다. 종자는 둥글며 단단하다.

원산지는 중국, 일본, 인도이며 우리나라에서는 남부지방에서 식용으로 재배하고 경남, 전남지역의 따뜻한 곳에서 자연상으로 나타나기도 한다.

겨울에도(冬, 겨울 동) 잣나무(柏, 잣 백)처럼 잎이 푸르다는 뜻에서 유래한 이름이다.

나무는 높이가 7m에 달하고 아래에서 갈라져 관목처럼 되는 것이 많으며 줄기 껍질은 매끈하며 회갈색이다. 잎은 어긋나며 길이 5~12cm, 너비 3~7cm로서 타원형 또는 긴 타원형이며 끝이 점차 뾰족해지고 밑은 좁은 각을 이룬다. 꽃은 양성화로 붉은색이고 1개씩 잎 달리는 자리나 가지끝에 달린다. 꽃잎은 5~7개가 밑에서 합쳐지며 길이 3~5cm로서 수술과도 합쳐지고 수술은 노란색으로 90~100개가 있다. 열매는 지름 3~5cm로서 둥글고 녹색 바탕에 붉은 색이 돌며 익으면 3개로 갈라져 1.5~2cm 크기의 잣 모양의 암갈색 종자가 떨어진다.

원산지는 한국, 중국, 일본이며 우리나라에서는 제주도, 남해안 지역 및 도서 지방과 서해의 대청도 등지에 자생한다.

## 095 백서향 *Daphne kiusiana* Miq.

**팥꽃나무과**
**Thymelaeaceae**

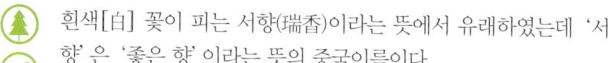

흰색[白] 꽃이 피는 서향(瑞香)이라는 뜻에서 유래하였는데 '서향'은 '좋은 향'이라는 뜻의 중국이름이다.

　나무는 높이 1m 정도로 곧게 서고 청감색으로 가지가 많이 나와 둥근 나무 모양을 이룬다. 잎은 어긋나며 길이 2.5~8cm, 너비 1.2~3.5cm로서 끝 쪽이 넓은 좁고 긴 모양이다. 잎 끝이 둔하고 가장자리가 밋밋하며 밑부분은 좁아져 짧은 잎자루와 연속된다. 꽃은 암수꽃이 서로 다른 그루에 달리는데 전년도에 자란 가지끝에 여러 개가 모여 달린다. 꽃은 통꽃으로서 꽃받침통이 길이 7~8mm이고 꽃잎은 끝에서만 4개로 갈라지며 백색으로 핀다. 열매는 물기가 많고 계란을 닮은 공 모양이고 주홍색으로 익으며 독성이 있다.

　원산지는 한국, 중국, 일본이며 우리나라에서는 대부분 남쪽 지방에서 심어 기른다.

**부처꽃과**
**Lythraceae**

꽃이 백일 동안이나 오래 핀다는 의미의 한자이름 '백일홍'이 시간이 지나면서 발음이 변하여 '배롱'이 되었다고 한다.

나무는 높이가 5m에 달하며 줄기는 굴곡이 심한 편이어서 흔히 비스듬히 눕고, 가지는 엉성하게 나서 나무 전체 모양이 고르지 못한 편이다. 줄기 껍질은 적갈색이고 매끈하며 얇게 벗겨져서 줄기에 얼룩무늬가 생기기도 하며 어린 가지는 모가 난다. 잎은 마주나며 길이 2.5~7cm, 폭은 2~3cm로서 타원형 또는 끝쪽이 넓은 계란 모양이며 끝은 둔하거나 뾰족하고 밑은 둥글거나 좁은 각을 이룬다. 꽃은 양성으로서 홍색이며 그 해 자란 가지끝에 모여 달려 길이 10~25cm, 지름 3~4cm에 이르는 원뿔 모양의 꽃 덩어리로 된다. 열매는 길이 1~1.2cm로서 넓은 타원형의 꼬투리이며 단단하고 안에 작은 종자가 많이 들어 있다.

원산지는 중국 남부 지역이며 우리나라에서는 중부, 남부, 남해안, 제주도 등지에서 심어 기른다.

**097** 팔손이나무 *Fatsia japonica* (Thunb.) Decne. et Planch.

두릅나무과
Araliaceae

잎이 갈라지는 모양이 손가락 8개 달린 손바닥 같다고 해서 붙여진 이름이다.

나무는 높이 2~4m까지 자라는데 외대로 자라는 성질이 있으나 순치기를 하면 가지가 갈라지기도 한다. 작은 가지는 굵으며 잎이 떨어진 자국이 크게 남아 있다. 잎은 가지끝에 모여서 어긋나며 지름 20~40cm로서 7~9개로 갈라져서 손바닥 모양으로 되고 밑은 심장 모양이 되며 갈라진 조각은 계란 모양이거나 좁고 길게 뾰족해진다. 꽃은 지름 5mm 정도로서 백색이며 여러 개의 꽃이 가지끝에 모여서 우산 모양의 작은 덩어리를 이루고 이것이 다시 모여서 길이 20~40cm, 지름 5~8cm 정도의 원뿔 모양의 꽃덩어리로 된다. 열매는 물기가 많고 지름 5mm 정도로 거의 둥글고 검게 익는다.

원산지는 한국, 일본이고 우리나라에서는 경남 남해와 거제도에 자생하며 남부지방에서는 뜰에서 중부 이북에서는 실내에 심어 기른다.

엄나무에서 유래한 이름으로 가시가 무섭게 나 있는 것이 엄(嚴)하게 보인다고 해서 처음에 '엄목' 이던 것이 음나무로 변한 것이다.

　나무는 높이 25m, 지름 1m에 달하고 가지에 가시가 많다. 잎은 어긋나며 둥글고 5～9개로 갈라진다. 갈라진 조각은 계란 모양 또는 타원형으로 길이와 폭이 각각 10～30cm이며 끝이 뾰족하고 밑부분이 심장 모양이다. 꽃은 양성화로 지름 5mm이며 황록색이고 여러 개가 모여 우산 모양의 꽃덩어리를 이루며 이 꽃덩이가 몇 개씩 새 가지 끝에 달린다. 열매는 거의 둥글고 길이 4mm, 지름 6mm 정도로서 흑색으로 익으며 단단한 씨앗이 1～2개씩 들어 있다.

　원산지는 한국, 중국, 일본이며 우리나라에서는 전국의 산지에 자생한다.

열매가 산딸기처럼 둥글며 붉고 맛이 좋다고 하여 붙여진 이름으로 산속의 큰 나무에 딸기 모양의 열매가 달리는 나무라는 의미이다.

나무는 높이가 7m에 달하며 가지는 층을 지어 수평으로 퍼진다. 잎은 마주나며 길이 5~12cm, 너비 3.5~7cm로서 계란 모양, 원형 또는 타원상 계란 모양이고 끝이 점차 뾰족해지고 밑은 좁은 각을 이룬다. 4~5쌍의 잎맥이 활처럼 굽어지는 모양이 특징적이다. 꽃은 20~30개가 작은 가지끝에 모여 달려 공 모양으로 되며 그 밑에 길이 3~9cm, 너비 2~3cm 정도의 꽃잎처럼 보이는 백색 총포편 4개가 사방으로 퍼져 달린다. 열매는 물기가 많고 지름 1.5~2.5cm 정도로 둥글며 붉은색으로 익는데 살이 많고 단맛이 나 먹을 수 있다.

원산지는 한국, 중국, 일본이며 우리나라에서는 중부 이남의 산야에서 자생한다.

# 층층나무 *Cornus controversa* Hemsl. ex Prain

나무줄기를 따라 가지가 층층이 뻗어 나오고 여기에 잎이 덮여 있는 모양이 각 줄기의 층을 더욱 선명하게 보여주는 특징으로 붙여진 이름이다.

나무는 높이 20m, 지름 1m에 달하고 줄기 껍질은 얕게 세로로 홈이 져서 터지며 가지는 계단상으로 사방으로 돌려나서 층을 형성하여 수평으로 퍼진다. 어린 줄기와 가지는 붉은 빛의 윤채가 나고 낙엽진 후에도 작은 가지는 겨울 동안 붉은 빛을 띠는 것이 특징이다. 잎은 어긋나며 길이 5~12cm, 너비 3~8cm로 넓은 계란 모양 또는 타원상 계란 모양이고 끝이 점차 뾰족해지며 밑은 둥글다. 꽃은 백색으로 피는데 작은 꽃들이 새로 자란 가지끝에 모여서 지름 5~12cm 정도의 꽃덩어리를 이룬다. 열매는 둥글며 지름 0.6~0.7cm 정도이고 벽흑색으로 익으며 단단한 씨앗이 한 개씩 들어 있다.

원산지는 한국, 중국, 일본이며 우리나라에서는 전국의 산지 계곡에서 자생한다.

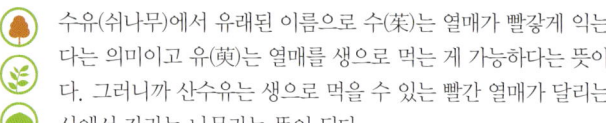

수유(쉬나무)에서 유래된 이름으로 수(茱)는 열매가 빨갛게 익는 다는 의미이고 유(萸)는 열매를 생으로 먹는 게 가능하다는 뜻이다. 그러니까 산수유는 생으로 먹을 수 있는 빨간 열매가 달리는 산에서 자라는 나무라는 뜻이 된다.

나무는 높이 7m, 지름 30~50cm 정도로 자라며 줄기 껍질은 벗겨지고 연한 갈색이다. 잎은 마주나며 길이 4~12cm, 너비 2.5~6cm로서 계란 모양, 타원형 또는 좁고 길게 뾰족하며 긴 끝이 점차 뾰족해지고 밑은 좁은 각을 이룬다. 꽃은 양성으로서 잎보다 먼저 피며 지름 4~5mm이고 황색이며 20~30개가 모여 우산 모양의 꽃덩어리를 이룬다. 열매는 물기가 많으며 길이 1.5~2cm로서 타원형이며 단단한 종자가 한 개씩 들어 있다. 가을에 열매가 선홍색으로 익으면 매우 아름답다.

원산지는 한국, 중국이며 우리나라에서는 전남, 전북, 충남, 충북, 경기도에서 심어 기른다.

모든 병에 다 효력이 있는 '만병통치약'이란 뜻이 담겨 있는 이름이다.

　나무는 높이가 4m에 달하고 밑에서 줄기와 가지가 많이 갈라진다. 잎은 어긋나지만 가지끝에서는 5～7개가 모여 나며 길이 8～20cm, 폭 2～5cm로서 타원형 또는 좁고 길게 뾰족해지며 끝은 둔하고 밑은 좁은 각을 이룬다. 잎 표면은 진한 녹색이고 광택이 있으며 주름이 진 것 같고 뒷면에는 회갈색 또는 연한 갈색털이 빽빽하게 나며 가장자리에 톱니가 없고 뒤로 말린다. 꽃은 10～20개가 가지끝에 모여 달리고 깔때기 모양 통꽃이 백색 또는 연한 황색으로 핀다. 열매는 꼬투리로 길이 2cm 정도이고 갈색으로 성숙한다.

　원산지는 한국, 일본이며 우리나라에서는 설악산, 지리산의 높은 곳에 자라며 울릉도 성인봉에도 자생한다.

**103** 진달래 *Rhododendron mucronulatum* Turcz.

진달래과
**Ericaceae**

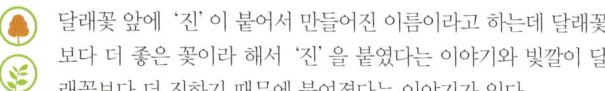

달래꽃 앞에 '진'이 붙어서 만들어진 이름이라고 하는데 달래꽃보다 더 좋은 꽃이라 해서 '진'을 붙였다는 이야기와 빛깔이 달래꽃보다 더 진하기 때문에 붙여졌다는 이야기가 있다.

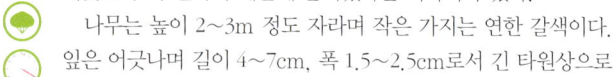

나무는 높이 2~3m 정도 자라며 작은 가지는 연한 갈색이다. 잎은 어긋나며 길이 4~7cm, 폭 1.5~2.5cm로서 긴 타원상으로 좁고 길게 뾰족하며 끝이 점차 뾰족해지고 밑은 좁은 각을 이룬다. 잎 가장자리에 톱니가 없이 매끈하며 표면에 갈색의 물고기 비늘 같은 작은 조각(인편)이 약간 있고 뒷면에는 인편이 밀생한다. 꽃은 양성화로 잎이 나기 전에 연한 홍색으로 피며 통꽃이 깔때기 모양이고 5개로 갈라져 있으며 가지끝에서 2~5개가 모여 달린다. 열매는 길이 2cm 정도의 꼬투리로서 원통형이다.

원산지는 한국, 중국, 일본이며 우리나라에서는 전국의 산야에 자생한다.

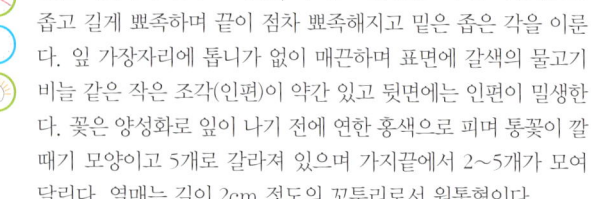

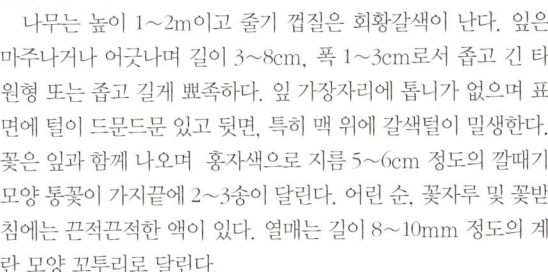

**104** 산철쭉 *Rhododendron yedoense* for. *poukhanense* (H.Lév.) Sugim.

**진달래과**
**Ericaceae**

철쭉을 옛날에는 '척촉'이라 불렀는데 이것은 비틀거린다는 뜻으로 양들이 독성이 있는 철쭉잎을 먹으면 비틀거린다는 뜻에서 이름지어졌다. 여기에 '산'에서 자란다는 의미가 덧붙여져 '산철쭉'이 된 것으로 본다.

나무는 높이 1~2m이고 줄기 껍질은 회황갈색이 난다. 잎은 마주나거나 어긋나며 길이 3~8cm, 폭 1~3cm로서 좁고 긴 타원형 또는 좁고 길게 뾰족하다. 잎 가장자리에 톱니가 없으며 표면에 털이 드문드문 있고 뒷면, 특히 맥 위에 갈색털이 밀생한다. 꽃은 잎과 함께 나오며 홍자색으로 지름 5~6cm 정도의 깔때기 모양 통꽃이 가지끝에 2~3송이 달린다. 어린 순, 꽃자루 및 꽃받침에는 끈적끈적한 액이 있다. 열매는 길이 8~10mm 정도의 계란 모양 꼬투리로 달린다.

원산지는 한국, 일본이며 우리나라에서는 전국의 산간 계곡의 바위틈에 주로 자생한다.

철쭉을 옛날에는 '척촉' 이라 불렀는데 이것은 비틀거린다는 뜻으로 양들이 독성이 있는 철쭉 잎을 먹으면 비틀거린다는 뜻에서 이름 지어졌다. 후에 이것이 발음이 변하여 '철쭉' 으로 된 것이다.

나무는 높이 2~5m이고 줄기는 곧게 서지만 아래쪽부터 굵은 가지를 많이 내고 줄기 껍질은 연황갈색이다. 잎은 어긋나지만 가지끝에서는 4~5개씩 모여난다. 잎 모양은 끝 쪽이 넓은 계란 모양이며 끝은 둥글거나 약간 오목하고 밑은 좁은 각을 이루며 길이 5~10cm, 폭 3~6cm 정도 된다. 지름 5~8cm 정도의 깔때기 모양 통꽃이 잎과 더불어 피고 3~7개씩 가지 끝에서 연한 홍색으로 핀다. 윗부분의 꽃잎은 적갈색 반점이 있다. 열매는 길이 1.5cm로 긴 계란 모양이다.

원산지는 한국, 중국, 일본이며 우리나라에서는 전국의 산야에 자생한다.

앵도나무는 우리나라에서는 한자로 앵도나무 '앵' 자를 써서 앵도(櫻桃)라고 쓰나 중국이름은 앵도(鶯桃), 즉 꾀꼬리처럼 아름다운 열매가 달린다는 뜻에서 붙여진 이름이며 여기에 깊은 산에 자란다는 뜻의 '산' 이 붙었다.

나무는 높이 1m에 달하며 가지가 많이 갈라진다. 잎은 어긋나며 길이 3~6cm로서 끝이 넓은 좁고 긴 모양 또는 계란 모양으로 끝과 밑이 모두 뾰족하다. 잎 가장자리에 안으로 굽은 잔 톱니가 있으며 앞면에는 털이 없고 뒷면 맥 위에 털이 있다. 꽃은 지름 5~6mm 정도로 붉은빛이 돌며 전년도 가지끝에서 2~3개가 모여 달리고 밑으로 쳐진다. 과실은 물기가 많으며 타원형이고 남아 있는 꽃받침조각 때문에 절구같이 보이며 붉게 익는다.

원산지는 한국, 중국이며 우리나라에서는 전국의 높은 산에 자생한다.

자금우(紫金牛)는 '아름다운 빛을 내는 소'란 뜻이다. '자금'이란 불교용어로서 부처님 조각상에서 나오는 신비한 빛을 일컫는다. 이름만 보면 나무가 아주 클 것 같지만 실제로는 한뼘 크기밖에 안 되는 작은 나무이다. 작은 몸체가 '자금우'라는 한약재로 쓰이는데 그 약의 한자 이름을 그대로 받아들였다.

나무는 높이 15~20cm이며 줄기가 옆으로 기면서 자란다. 잎은 어긋나거나 돌려나거나 또는 마주나며, 길이 6~13cm, 폭 2~5cm 정도로 타원형 또는 계란 모양이고 끝은 뾰족하고 밑은 좁은 각을 이룬다. 잎 뒷면의 가운데 맥이 붉은 자주색이 돈다. 꽃은 양성화로 전년생 가지의 잎 달리는 자리 또는 포 달리는 자리에 달린다. 열매는 납작한 공 모양으로 물기가 많으며, 지름 10mm 정도로 붉은색으로 익으며 다음해 꽃이 필 때도 달려 있다.

원산지는 한국, 중국, 일본이며 우리나라에서는 남해안, 제주도 및 울릉도의 따뜻한 산림의 가장자리에 야생한다.

감나무과
Ebenaceae

옛날 우리나라 말에서 이 나무를 '갇' 이라고 불렀는데 이것이 나중에 '갈〉갈암〉가암〉감' 으로 변하게 되었다고 한다. 감나무는 예로부터 문(文)·무(武)·충(忠)·절(節)·효(孝)의 5절을 갖춘 나무라고 예찬하였다.

나무는 높이 15~20m에 달하며 줄기 껍질은 코르크화되며 잘게 갈라지고 흑회색이다. 잎은 어긋나며 가죽처럼 두껍고 길이 7~17cm, 너비 4~10cm로서 타원상 계란 모양, 긴 계란 모양 또는 끝 쪽이 넓은 계란 모양이며 끝이 점차 뾰족해지고 밑은 좁은 각을 이루거나 또는 둥글다. 꽃은 양성화 또는 단성화로 황색이며 길이 1.8cm, 지름 1.5cm 정도로서 잎 달리는 자리에 한 개씩 달린다. 열매는 물기가 많고 지름 4~8cm 정도로 계란 모양 또는 납작한 공 모양이며 황홍색으로 성숙한다.

원산지는 한국, 중국, 일본이며 우리나라에서는 제주, 전남, 전북, 경남, 충남, 충북, 경기도 이남에서 야생하거나 심어 기른다.

113

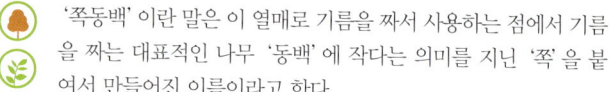

'쪽동백'이란 말은 이 열매로 기름을 짜서 사용하는 점에서 기름을 짜는 대표적인 나무 '동백'에 작다는 의미를 지닌 '쪽'을 붙여서 만들어진 이름이라고 한다.

나무는 높이가 10m에 달하며 줄기는 검은색에 굴곡이 생기고 줄기 껍질은 매끈하다. 여름철부터 만들어지기 시작하는 겨울눈이 잎자루의 밑부분에 의해 둘러싸여 있는 것이 특징적이다. 잎은 어긋나며 길이 7~20cm, 폭 8~20cm로서 커다란 타원형 또는 계란 모양 원형이며 끝이 급하게 뾰족해지고 밑은 둥글다. 잎의 상반부에 잔톱니가 있으며 흔히 끝이 3개로 갈라지는 듯한 모양으로 된다. 꽃은 양성화로 통꽃이며 지름 2cm 정도이며 5개로 깊게 갈라지고 하얀 통꽃 20송이 정도가 모여 달려 길게 덩어리를 이룬다. 열매는 길이 2cm이고 계란 모양 원형 또는 타원형으로 단단한 씨앗이 한 개씩 들어 있다.

원산지는 한국, 중국, 일본이며 우리나라에서는 전국 산지의 숲 속에서 자란다.

# 110 | 때죽나무 *Styrax japonicus* Siebold et Zucc.

열매와 열매 껍질을 물에 불린 다음 그 물로 빨래를 하면 때가 쭉 빠진다는 뜻에서 때죽나무로 불렸다고 한다. 또 열매를 찧어 물에 풀어 물고기를 잡는 데 이용하기도 해서 물고기를 떼로 죽인다고 '떼죽'이 되었다는 이야기도 있다.

나무는 높이가 10m에 달하고 줄기는 흑갈색으로 세로로 줄이 가며 어린 줄기에서도 줄기 껍질이 세로로 벗겨진다. 잎은 어긋나며 길이 2~8cm, 폭 2~4cm로서 계란 모양 또는 긴 타원형이고 끝이 점차 뾰족해지고 밑은 좁은 각을 이룬다. 꽃은 양성화로서 지름 1.5~3.5cm 정도의 흰색 통꽃이 잎 달리는 자리에서 2~5개가 짧게 모여 달린다. 열매는 길이 1.2~1.4cm로서 계란 모양 원형 또는 공 모양이며 껍질이 불규칙하게 갈라지고 종 모양으로 늘어지며 단단한 씨앗이 한 개씩 들어 있다.

원산지는 한국, 중국, 일본이며 우리나라에서는 전국 산지의 산허리 이하 양지에서 자생한다.

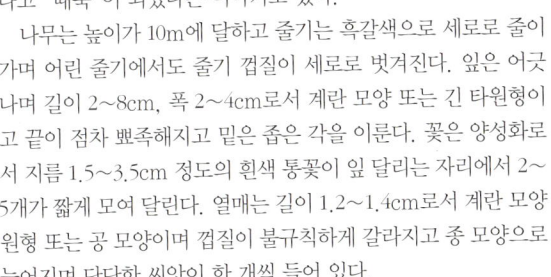

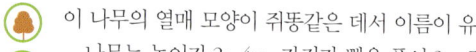

이 나무의 열매 모양이 쥐똥같은 데서 이름이 유래하였다.

나무는 높이가 2~4m, 가지가 뻗은 폭이 3m 정도로 자라며 가지가 가늘게 많이 갈라진다. 잎은 마주나며 길이가 2~7cm, 폭은 7~25mm로 긴 타원형이고 끝은 둔하고 밑은 좁은 각을 이룬다. 잎 가장자리는 톱니가 없이 매끈하며 뒷면 맥 위에 털이 있다. 꽃은 양성화이고 통꽃이며 가지끝에 여러 개가 모여 길이 2~3cm의 덩어리를 이룬다. 통꽃의 길이가 7~10mm로서 끝에서 4개로 갈라지며 흰색으로 피고 향기가 오래도록 난다. 수술 2개가 짧게 꽃통에 달리는 것이 특징이다. 열매는 길이가 7~8mm 정도 되며 계란 모양을 닮은 공 모양이고 검게 익으며 단단한 씨앗이 한 개씩 들어 있다.

원산지는 한국, 중국, 일본이며 우리나라에서는 전국에 야생한다.

# 112 미선나무 *Abeliophyllum distichum* Nakai

**물푸레나무과**
**Oleaceae**

대나무 줄기를 잘게 쪼개어 가는 살을 여러 개 만들고 이것을 둥글게 펴서 거기에 종이나 명주천을 붙여서 만든 둥근 부채를 '미선(尾扇)'이라고 하는데 이 나무의 열매 모양이 이 부채와 비슷하다고 해서 붙여진 이름이다.

나무는 높이 1.5m에 달하고 밑에서 여러 줄기가 나와 전체 모양이 우산처럼 된다. 잎은 마주나며 길이 3~8cm, 폭 0.5~3.0cm의 계란 모양 또는 타원상 계란 모양이며 끝이 뾰족하거나 점차 뾰족해지고 밑은 둥글거나 가위로 평평하게 자른 모양이다. 꽃은 통꽃으로 4개로 깊게 갈라지며 백색 또는 도홍색 꽃이 잎보다 먼저 핀다. 열매는 길이와 폭이 각 25mm로서 원형에 가까운 타원형이고 날개가 달렸으며 반달 모양 종자가 중간 쪽에 2개가 들어 있다.

우리나라 특산식물로서 충청북도 괴산 지역의 몇 군데 자생지가 천연기념물로 지정되어 있다. 전국에서 심어 기르기도 한다.

# 113 | 개나리 *Forsythia koreana* (Rehder) Nakai

**물푸레나무과**
**Oleaceae**

나리꽃과 비슷하게 생겼으나 그보다 작고 좋지 않다는 의미로 붙여진 이름이지만 우리나라의 봄을 장식해주는 대표적인 나무이다.

나무는 여러 대가 뿌리로 갈라져 3∼6m 정도 자라며 줄기 끝 부분은 늘어진다. 잎은 마주나며 길이 3∼12cm, 폭은 2∼3.5cm로 좁고 긴 계란 모양이며 끝이 뾰족하고 밑은 좁은 각을 이루지만 왕성하게 새로 자란 가지에서는 잎이 깊게 3개로 갈라지기도 한다. 노란색으로 피는 꽃은 종 모양으로 중간부터 4개로 갈라지며 잎 달리는 자리에 1∼3개씩 달린다. 암술과 수술의 길이가 다른 2종류의 꽃이 피는데, 암술이 수술보다 긴 것을 '장주화', 암술이 수술보다 짧은 것을 '단주화'라고 하며 서로 다른 형태의 꽃 사이에서만 수정이 된다. 열매는 계란 모양 꼬투리로 길이는 1.5∼2.0cm로서 편평하고 뾰족하다.

우리나라 특산식물이며 전국에서 흔히 심어 기른다.

# 114 | 꽃개회나무 *Syringa wolfii* C.K.Schneid.

흔히 라일락이라고 하는 나무 종류들이 이들 무리에 해당한다. 예전에 우리나라에서는 이들 무리를 통칭하여 정향(丁香)나무라고도 했는데 향기가 짙은 꽃임을 강조하여 붙여진 이름이다. 이름 앞에 '꽃' 자를 붙이는 것은 그 무리 가운데 꽃이 가장 아름다운데서 유래한다고 볼 수 있다.

나무는 높이 4~6m 내외로 자라며 아래에서 줄기가 많이 갈라진다. 잎은 마주나며 길이 10~16cm로서 타원형 또는 긴 타원형이며 끝이 뾰족하거나 짧은 끝이 점차 뾰족해지고 밑은 좁은 각을 이룬다. 4개로 갈라지는 통꽃은 길이 1.5~1.8cm로 연한 홍자색을 띠며 짙은 향기가 있고 새 가지 끝에 모여 달려 원뿔 모양의 덩어리를 이룬다. 열매는 길이 1.0~1.4cm의 꼬투리로서 끝은 둔하거나 뾰족하다.

원산지는 한국, 중국이며 우리나라에서는 강원도, 경상북도의 높은 산에 자생한다.

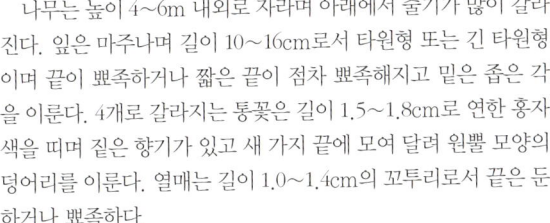

물고기를 잡을 때 쓰는 작살 모양을 닮았기 때문에 붙여진 이름 이라는 이야기와 실제로 물고기를 잡을 때 쓰였다는 이야기가 전 해진다.

나무는 높이 2~3m이고 작은 가지는 둥글며 별 모양의 털이 있다가 점차 없어진다. 잎은 마주나며 길이 6~12cm, 폭 2.5~ 4.5cm로서 끝 쪽이 넓은 계란 모양, 계란 모양 또는 긴 타원형이 며 긴 끝이 점차 뾰족해지고 밑은 좁은 각을 이룬다. 잎 가장자리 에 잔톱니가 있으며 앞면은 짙은 녹색이고 뒷면은 연한 녹색이며 누른빛이 도는 선점이 있다. 꽃은 연한 자주색이며 지름 1.5~ 3cm로서 잎 달리는 자리에 모여서 덩어리를 이루며 핀다. 열매 는 둥글며 지름 4~5mm로서 보라빛의 반짝이는 구슬 모양이며 여러 개씩 뭉쳐서 겨울까지 가지에 달려 있다.

원산지는 한국, 중국, 일본이며 우리나라에서는 전국 산의 산 기슭부터 산허리까지에서 자라며 심어 기르기도 한다.

누리장나무 *Clerodendrum trichotomum* Thunb.

잎에서 역한 누린내가 난다고 해서 붙여진 이름이다.

　나무는 높이가 2m에 달하고 줄기 껍질은 회백색이며 줄기 전체에서 누린내가 난다. 잎은 마주나며 길이 8~20cm, 폭 5~10cm로서 넓은 계란 모양이고 끝이 점차 뾰족해지며 밑은 좁은 각을 이루거나 가위로 평평하게 자른 모양이다. 잎 가장자리는 밋밋하거나 큰 톱니가 있고 앞면은 녹색이며 털이 없지만 뒷면은 맥 위에 털이 있고 희미한 선점이 퍼져 있다. 꽃은 양성화이며 지름 3cm로서 5개로 갈라지며 새 가지 끝에 모여 달려 덩어리를 이루며 홍색으로 핀다. 4개의 수술이 길게 꽃통 밖으로 나오는 것이 특징적이다. 열매는 지름 6~8mm로서 둥근 모양의 단단한 씨앗이 한 개씩 들어 있고 벽색으로 익으며 붉은색의 꽃받침에 싸여 있다가 밖으로 드러난다.

　원산지는 한국, 중국, 일본이며 우리나라에서는 강원도 및 황해도 이남에서 자란다.

## 117 | 참오동나무 *Paulownia tomentosa* (Thunb.) Steud.

현삼과
Scrophulariaceae

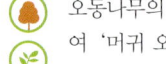

오동나무의 옛 이름은 머귀나무인데, 이것을 한자식으로 표현하여 '머귀 오(梧)'와 '머귀 동(桐)'을 합하여 오동이라는 이름이 유래되었다고 한다. 여기에 '참' 자가 붙은 것은 품질이 좋다는 뜻에서 붙여진 것이다.

나무는 높이가 15m에 달하고 가지가 굵고 퍼진다. 잎은 마주나며 길이 15~50cm로 넓은 계란 모양 또는 계란 모양이지만 3~5개로 약간 갈라지며 끝이 점차 뾰족해지고 밑은 심장 모양이다. 꽃은 깔때기 비슷한 종 모양이며 길이 5~6cm로서 연한 자주색이고 가지끝에 많은 꽃이 모여 달려 길이 20~30cm 정도의 원뿔 모양 덩어리를 이룬다. 열매는 길이 3~4cm 정도의 둥근 꼬투리로 끝이 뾰족하다.

원산지는 한국, 중국, 일본이며 우리나라에서는 울릉도에 자생지가 알려져 있고 황해도 이남에서 심어 기른다.

# 118 능소화 *Campsis grandiflora* (Thunb.) K.Schum.

중국이름 능소화를 그대로 받아들인 이름인데 '업신여길 능(凌)'과 '하늘 소(霄)' 즉, 하늘을 업신여긴다는 것으로 덩굴이 나무에 달라붙어 하늘을 향해 높게 오르는 특성에서 유래한 이름이다.

나무는 10m까지 자라고 가지는 빨판 같이 발달하여 다른 물체에 잘 붙는다. 줄기 껍질은 회갈색이고 세로로 벗겨진다. 잎은 마주나며 작은 잎 7~9개가 모여 깃털 모양 겹잎을 이룬다. 작은 잎은 길이 3~6cm로서 계란 모양이거나 길게 뾰족하고 끝이 점차 뾰족해지며 밑은 좁은 각을 이룬다. 꽃은 지름 6~8cm로서 깔때기 비슷한 종 모양이고 황홍색이지만 겉은 적황색이며 가지끝의 원뿔 모양의 덩어리에 5~15개가 모여 달린다. 열매는 꼬투리로 네모지며 끝이 둔하고 가죽처럼 두껍다.

원산지는 중국으로 우리나라에서는 중부 이남에서 심어 기르는데 특히 절에서 흔히 심는다.

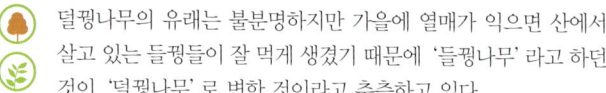

덜꿩나무의 유래는 불분명하지만 가을에 열매가 익으면 산에서 살고 있는 들꿩들이 잘 먹게 생겼기 때문에 '들꿩나무'라고 하던 것이 '덜꿩나무'로 변한 것이라고 추측하고 있다.

나무는 높이가 2m에 달하고 아래에서 줄기가 많이 갈라진다. 잎은 마주나며 길이 4~10cm, 넓이 2~5cm로서 계란 모양, 타원상 긴 계란 모양 또는 끝 쪽이 넓은 계란 모양이며 끝이 점차 뾰족해지고 밑은 둥글거나 좁은 각을 이루거나 심장 모양이다. 잎 가장자리에 뾰족한 치아상의 톱니가 있고 앞면에는 별 모양 털이 드문드문 있으며 뒷면에는 밀생한다. 잎자루 밑부분에 뾰족한 턱잎이 있는 것이 특징이다. 꽃은 지름 6~7mm로서 백색이며 수많은 꽃이 가지끝에 모여 우산 모양의 덩어리를 이룬다. 열매는 지름 6mm의 계란 모양 원형이고 단단한 씨앗이 한 개씩 들어 있으며 붉은색으로 익는다.

원산지는 한국, 중국, 일본이며 우리나라에서는 중부 이남의 산지에 널리 자란다.

둥글고 하얀 꽃덩어리를 부처님의 머리에 비유한 데서 유래한 이름이다.

불두화(佛頭花)는 한자식 이름을 그대로 옮긴 것으로 나무는 높이가 3m에 달하며 아래에서 줄기가 많이 갈라진다. 잎은 마주나며 길이 5~10cm로서 3개로 갈라지며 갈라진 양쪽 2개의 조각이 밖으로 벌어지지만 가지 끝부분의 잎은 갈라지지 않는 것도 있다. 잎끝은 점차 뾰족해지고 밑은 둥글며 가장자리에 톱니가 약간 있고 뒷면에 털이 있다. 꽃은 지름 3cm 정도로 5조각으로 갈라지며 암술 수술이 모두 없는 중성화만 핀다. 중성화들이 가지끝에서 둥글게 뭉쳐서 덩어리를 이룬다. 이 나무와 기본종은 중성화와 양성화가 모두 피는 것으로 '백당나무'라고 한다.

원산지는 한국, 중국이며 우리나라에서는 전국에 심어 기르는데 특히 절에서 흔히 심는다.

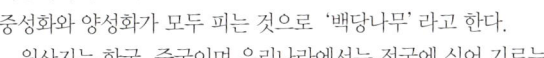

# 붉은병꽃나무 *Weigela florida* (Bunge) A.DC.

'병꽃나무' 라는 이름은 열매의 모양이 마치 액체를 담는 호리병의 모양을 하고 있다는 것에서 유래하였으며 여기에 꽃색이 붉은 특징이 덧붙여졌다.

나무는 높이 3~6cm로 아래에서 줄기가 많이 갈라진다. 잎은 마주나며 길이 4~10cm, 너비 2~4cm로 타원형, 계란 모양 타원형 또는 끝 쪽이 넓은 계란 모양이며 끝은 뾰족하고 밑은 둥글거나 뾰족하다. 잎 가장자리에 잔톱니가 있고 앞면 가운데 맥에 잔털이 있으며 뒷면 가운데 맥에 백색 털이 밀생한다. 꽃은 길이 3~4cm이고 끝이 5개로 갈라지며 짙은 홍자색으로 핀다. 꽃받침은 중간 정도까지만 갈라진다. 열매는 꼬투리로 길이 15~22mm이며 '병꽃나무' 와 달리 종자에 날개가 없다.

원산지는 한국, 중국, 일본이며 우리나라에서는 전국의 산지에 자생한다.

꽃 모양이 마치 액체를 담는 호리병의 모양을 하고 있다는 데서 유래한 이름이다.

나무는 높이가 2~3m이고 작은 가지는 녹색이나 점차 회갈색으로 된다. 잎은 마주나며 길이 1~7cm, 너비 1~5cm로서 끝 쪽이 넓은 계란 모양, 넓은 타원형 또는 넓은 계란 모양이며 끝이 뾰족하고 밑은 좁은 각을 이루거나 둥글다. 잎 가장자리에 잔톱니가 있고 양면에 털이 있고 뒷면 맥 위에 퍼진 털이 있다. 꽃은 길이 3~4cm로서 병을 거꾸로 세운 모양 또는 깔때기 모양이며 황록색으로 피지만 안쪽이 붉은색으로 변한다. 꽃받침은 밑까지 완전히 갈라진다. 열매는 길이 10~15mm의 꼬투리이며 '붉은병꽃나무'와 달리 종자에 날개가 있다.

원산지는 한국, 중국, 일본이며 우리나라에서는 전국의 산지에 자생한다.

중국 이름 인동(忍冬)에서 유래하였는데 겨울이 되어도 추위를 참고 견딘다는 뜻에서 붙여진 이름이다. 꽃이 처음에는 하얗고 다음에는 황색으로 변하는데서 '금은화' 라고 불리기도 하였다.

나무는 높이가 3~4m 정도로 줄기가 오른쪽으로 감아 올라가고 작은 가지는 적갈색이며 속이 비어 있다. 잎은 마주나며 길이 3~8cm, 너비 1~3cm로서 좁고 길게 뾰족하거나 계란 모양 타원형이며 끝이 뾰족하고 밑은 둥글다. 잎 가장자리에 톱니가 없고 앞뒷면에 털이 있다가 없어지거나 뒷면 일부에 남는다. 꽃은 길이 3~4cm로 끝이 5개로 갈라지고 그 중 1개가 깊게 갈라져서 뒤로 말리고 잎 달리는 자리에 달리며 백색으로 피어서 황색으로 변한다. 꽃 밑부분에 길이 1~2cm 정도의 계란 모양의 포가 마주 달린다. 열매는 둥글고 지름 7~8mm로 서로 떨어져 흑색으로 익는다.

원산지는 한국, 중국, 일본이며 우리나라에서는 함북을 제외한 전국 산야에 자생한다.

# 나무를 쉽게 찾아볼 수 있는
# 우리나라 식물원 · 수목원

## 국공립

| 명 칭 | 위 치 | 전화번호 |
|---|---|---|
| 국립수목원 | 경기 포천 소흘 직동 | (031) 540-2000 |
| 홍릉수목원 | 서울 동대문 청량리 | (02) 961-2551~3 |
| 물향기수목원 | 경기 오산 수청 | (031) 378-1261 |
| 유명산자생식물원 | 경기 가평 설악 | (031) 585-9643 |
| 인천수목원 | 인천 남동 장수 | (032) 466-7282 |
| 강원도립화목원 | 강원 춘천 사농 | (033) 248-6663, 6692 |
| 금강수목원 | 충남 공주 반포 | (041) 850-2686 |
| 안면도자생식물원 | 충남 태안 안면 | (041) 674-5019 |
| 한밭수목원 | 대전 서 만년 | (042) 472-4972~4 |
| 미동산수목원 | 충북 청원 미원 | (043) 220-5500 |
| 대구수목원 | 대구 달서 대곡 | (053) 642-4100 |
| 내연산수목원 | 경북 포항 북 죽장 | (054) 262-6110 |
| 가야산야생화식물원 | 경북 성주 수륜 | (054) 931-1264 |
| 경상남도수목원 | 경남 진주 이반성 | (055) 771-6500 |
| 완도수목원 | 전남 완도 군외 | (061) 552-1544 |
| 대아수목원 | 전북 완주 동상 | (063) 243-1951 |
| 한라수목원 | 제주 제주 연동 | (064) 710-7575 |

# 나무를 쉽게 찾아볼 수 있는
# 우리나라 식물원·수목원

## 사립

| 명 칭 | 위 치 | 전화번호 |
|---|---|---|
| 한택식물원 | 경기 용인 백암 | (031) 333-3558 |
| 평강식물원 | 경기 포천 영북 | (031) 531-7751 |
| 아침고요수목원 | 경기 가평 상 | 1544-6703 |
| 들꽃수목원 | 경기 양평 양평 | (031) 772-1800 |
| 한국자생식물원 | 강원 평창 도암 | (033) 332-7069 |
| 천리포수목원 | 충남 태안 소원 | (041) 672-9982 |
| 고운식물원 | 충남 청양 청양 | (041) 943-6245 |
| 그림이있는정원 | 충남 홍성 광천 | (041) 641-1477 |
| 울산테마식물원 | 울산 동 동부 | (052) 235-8585 |
| 외도보타니아 | 경남 거제 일운 | (070) 7715-3330 |
| 기청산식물원 | 경북 포항 북 청하 | (054) 232-4129, 7343 |
| 한국도로공사수목원 | 전북 전주 덕진 | (063) 212-0652 |
| 여미지식물원 | 제주 서귀포 색달 | (064) 735-1100 |
| 제주한림공원열대식물원 | 제주 북제주 한림 | (064) 796-0001~4 |

## 학교

| 명 칭 | 위 치 | 전화번호 |
|---|---|---|
| 서울대학교관악수목원 | 경기 안양 만안 | (031) 473-0071 |
| 신구대학식물원 | 경기 성남 수정 | (031) 723-6677 |
| 원광대학교자연식물원 | 전북 익산 신용 | (063) 850-5043 |

# 아이콘 설명

상록수: 계절에 관계없이 항상 푸른 잎을 달고 있는 나무

낙엽수: 잎의 수명이 1년이 채 안되기 때문에 잎이 없는 시기가 있는 나무

침엽수: 잎이 대개 바늘같이 뾰족한 나무로 식물분류학상 겉씨식물에 속함

활엽수: 평평하고 넓은 잎이 달리는 나무로 식물분류학상 속씨식물 중 쌍떡잎식물에 속함

교　목: 줄기가 1개이며 줄기와 가지의 구별이 뚜렷하고 높이가 대개 8m를 넘는 나무

소교목: 교목과 같으나 높이가 대개 4~8m 정도인 나무

관　목: 주줄기가 분명하지 않으며 밑동이나 땅속 부분에서부터 줄기가 갈라져 나며 높이는 대개 2~4m인 나무

소관목: 관목과 같으나 높이가 대개 2m 이내인 나무

만경목: 덩굴성 줄기를 가진 나무

개화기: 꽃이 피는 시기

결실기: 열매가 성숙하는 시기

음　수: 그늘진 곳에서도 잘 자라고 번식할 수 있는 나무

중용수: 그늘진 곳에서 자람이 나빠지지만 영향이 적은 나무

양　수: 그늘진 곳에서는 잘 자라지 못하는 나무

131

# 찾아보기

# 참고문헌

권용진 외. 2008. 쉽게 찾아가는 한국의 식물원. 사단법인 한국식물
　　원·수목원협회.

김태욱. 1994. 한국의 수목. 교학사.

김용식 외 5인. 2000. 조경수목 핸드북. 광일문화사.

심경구 외 11인. 1990. 조경수목학. 문운당.

이창복. 1980. 대한식물도감. 향문사

이창복. 1986. 신고 수목학. 향문사.

이창복. 2003. 원색대한식물도감 상·하. 향문사.

이유미. 1995. 우리가 정말 알아야 할 우리 나무 백 가지. 현암사.

장진성. 1994. 한국수목의 목록과 학명에 대한 재고. 한국식물분류학
　　회지 24: 95-124.

홍성천, 변수현, 김삼식. 1987. 원색한국수목도감. 계명사.

국가생물종지식정보시스템  http://www.nature.go.kr

전정일

농학박사 (식물분류학 · 수목학)
서울대학교 산림자원학과 학사 · 석사 · 박사
서울대학교 수목원 조교 · 연구원
중국 남경식물연구소 · 식물원 교환연구원
(현) 신구대학 식물응용과 교수
(사) 한국식물원 · 수목원협회 이사
한국식물분류학회 이사


길에서 만나는
# 나무 123

초판 발행  2009년 9월 30일

지은이      전정일
펴낸이      이재선
펴낸곳      신구문화사
디자인      은디자인
출판등록    1968년 6월 10일
주소        경기도 성남시 중원구 금광2동 2661번지
전화        031-741-3055~6
팩스        031-741-3054
홈페이지    www.shingubook.com